雪茄生产工艺与技术探索

余 君 杨春雷 向海波 杨 勇◎编著

四川科学技术出版社

图书在版编目（CIP）数据

雪茄生产工艺与技术探索 / 余君等编著 . -- 成都：
四川科学技术出版社 , 2023.7（2024.7 重印）
ISBN 978-7-5727-0957-9

Ⅰ.①雪… Ⅱ.①余… Ⅲ.①雪茄−生产工艺 Ⅳ.
① TS453

中国国家版本馆 CIP 数据核字（2023）第 120362 号

雪茄生产工艺与技术探索
XUEJIA SHENGCHAN GONGYI YU JISHU TANSUO

编　　著　余　君　杨春雷　向海波　杨　勇

出 品 人　程佳月
责任编辑　朱　光
助理编辑　魏晓涵
封面设计　星辰创意
责任出版　欧晓春
出版发行　四川科学技术出版社
　　　　　成都市锦江区三色路 238 号　邮政编码 610023
　　　　　官方微博 http://weibo.com/sckjcbs
　　　　　官方微信公众号 sckjcbs
　　　　　传真 028-86361756
成品尺寸　170 mm × 240 mm
印　　张　7.75
字　　数　155 千
印　　刷　三河市嵩川印刷有限公司
版　　次　2023 年 7 月第 1 版
印　　次　2024 年 7 月第 2 次印刷
定　　价　58.00 元

ISBN 978-7-5727-0957-9

邮　　购：成都市锦江区三色路 238 号新华之星 A 座 25 层　邮政编码：610023
电　　话：028-86361770

前　言

　　当前,优质的雪茄烟在国内、国际市场上需求量很大,但竞争激烈,提升市场竞争力的关键就在于提高产品质量;因此,必须在产品质量的基础上求生存、求发展、求效益,充分把各地雪茄烟生产的自然优势转化为商品优势。只有主攻产品质量,才能在市场竞争中立于不败之地。我国雪茄烟生产工业有漫长的历史,从事雪茄烟制造的工厂近年来不断增加,不少卷烟厂和其他烟制品生产单位,也开始进行雪茄烟生产。我国雪茄烟的质量和产量已具有一定的水平和规模,也开发出了更适合中国人口味的雪茄烟,雪茄烟工业已在烟草工业中占有一定的地位;但是,国内有关雪茄烟生产工艺与制造技术方面的文献资料却很少,并且十分零散,系统性著作寥寥无几。这种状况,与雪茄烟工业的发展,是不相适应的。当前在雪茄烟工业和原料生产方面,不同程度地出现的一些问题,有其技术的原因。这就从客观上提出了总结、普及和提高雪茄烟生产制造技术的要求。

　　在此背景下,这本《雪茄生产工艺与技术探索》应运而生。本书详细论述雪茄烟的生产发酵工程;深入探讨雪茄烟的烟质、雪茄烟的配方工作、雪茄烟的配方实例、雪茄烟的配方管理;全面分析雪茄烟的生产调制与生产分级;详细探索了雪茄烟的预制技术、卷制技术、包装技术。

　　本书在编写过程中,力图概述出我国雪茄制造技术的现有水平,对雪茄生产各环节进行系统的科学总结。同时,结合国内外科研成果,力图提出制造技术的一些发展方向。本书在资料的取舍和实例的安排上,以国内为主,国外为辅,重点列举和分析国内几个重点雪茄生产省份。本书逻辑严密,内容全面翔实,理论来源可靠,对雪茄生产工艺与技术进行了深入探索,能够帮助相关从业者学习雪茄生产工艺知识,对提升从业者雪茄生产技术水平起到了积极的推动作用。

余君　杨春雷　向海波　杨勇

目 录
CONTENTS

第一章 雪茄烟的生产发酵

第一节 雪茄烟的发酵机理

烟叶发酵是雪茄烟制作过程中非常重要的环节,它的目的是让雪茄烟达到最好的口感。发酵过程中烟叶外观质量(包括颜色、色泽、拉力、叶质重等)发生变化,烟叶内部大分子物质降解形成利于烟叶品质的小分子香气物质,使烟叶达到工业加工需求。发酵后的烟叶外观质量得到改善,叶面上的青色减少或消除,颜色加深而均匀,光泽度提升,弹性增强,燃烧性提高。内在质量方面,烟叶在调制过程中不能将淀粉、蛋白质等大分子物质彻底降解,会有部分残留在烟叶中,而这两种物质对于烟叶品质有不利的影响。发酵过程是对烟叶中大分子物质的进一步降解,将其分解为香气前体物以及糖,能够提高烟叶香气质和香气量,同时能够减少杂气,使烟叶抽吸时更醇和,刺激性更小。

第二节 雪茄烟的发酵控制

雪茄烟叶的发酵方式包括依靠外界环境,随其发展的自然发酵和通过人为控制温湿度条件等其他方法干预发酵进行的人工发酵。自然发酵是将调制后的烟叶经过初步包装,在自然条件下,随环境变化的影响进行的醇化,具有工艺简单、操作简便、香气质好、香气量足、杂气少、刺激性小等优点;但是发酵环境条件不确定,不能控制烟叶的发酵进程,使得烟叶发酵存在质量风险,且这种发酵方式时间较长。人工发酵是通过人为控制温湿度条件,提供给烟叶最适宜的发酵环境,能够克服自然发酵的不足,缩短发酵所需时间,有目的性地控制发酵进行,使烟叶发酵朝着理想方向进行,以达到工业需求标准。

烟叶人工发酵一般分为三个阶段。第一阶段为升温阶段,堆垛或装箱的烟叶在微生物活动的过程中会释放出热量,使温度达到发酵所需的温度,同时会排除一部分水。

第二阶段是发酵阶段,烟堆内部温度保持稳定,烟叶持续进行发酵,保证垛内温度略高于环境温度,但要避免烧垛。

第三阶段为降温阶段,烟叶发酵逐渐达到稳定状态,温度不再提升并慢慢下降,烟叶含水率状态平衡,烟叶理化特性相对稳定,利于之后长期醇化或者进行二次发酵。

由于自然发酵时间长,受环境因素影响较大,因此人工参与干预发酵过程是目前工业常用方法。在温度为 35 ℃、湿度为 70% 的条件下,烟叶含水率稳定,在这种条件下能够促进烟叶内部化学物质转化,加快烟叶醇化进程。烟叶等级不同所需要进行发酵的环境条件也不同,应采取不同的发酵方式,烟叶等级高时通常采用 40 ℃发酵法,较高等级采用 42 ℃发酵法。不同部位烟叶生产发育过程不同,其内含物质量,烟叶品质也有很大不同。宁乡晒黄烟上二级烟叶在温度为 35 ℃、湿度为 70% 的条件下进行发酵比较适宜,发酵时间控制在 30 d。中三级烟叶在温度为 45 ℃、湿度为 80% 的条件下,发酵 30 d 最为适宜。除对发酵环境控制外,很多研究从其他方面进行控制发酵。当尝试用 CO-γ 射线照射烟叶,结果表明经过适宜计量辐射后,有利于提高烟叶品质,香气量提高,浓度增大,青杂气明显减少。烟叶发酵在有氧条件下不利于烟叶品质的大分子物质的降解幅度大于在无氧条件下,说明发酵过程中需要氧气的参与,其对烟叶内部化学物质转化起到积极作用。

第三节 雪茄烟的发酵工艺

人为控制发酵过程中一系列的生物化学变化,以朝着有利方向发展的主要手段是:创造合适的烟叶水分、合适的空气相对湿度、合适的空气温度和一定的通风条件。此外,也有添加发酵促进剂以及色、香、味和燃烧性的改进剂等添加剂的,以提高发酵后的烟叶质量。

雪茄烟发酵时所采用的烟叶水分、烟叶自热后所控制的温度、所采用的周围空气的温湿度、发酵时烟叶的状态(成捆、成箱还是成堆,以及成堆的体积)、翻堆(或翻装)的时间与次数,以及发酵时加何种与多少数量的添加物等,总体来说,即采用何种发酵方法,要视发酵前烟叶的品质与特性、发酵后烟叶的使用目的与要求(如作芯叶,还是作内包皮或外包皮,作调味还是调香之用等)以及地区和季节的气候等而定。从事雪茄烟发酵的实践家与科学家们多年来共同努力,创造了不少有效的发酵方法。这些方法的一个共同特点(与烤烟发酵比)是,发酵时的烟叶水分较高,至少高20%,一般为30%~40%。

现在国内外采用的雪茄烟叶发酵方法,主要有如下几种。

一、堆积发酵法

这是国内外采用最为广泛的雪茄烟叶发酵方法,也是最基本的方法。适用于芯烟,也适用于内包皮烟和外包皮烟。它是将烟叶在一定的含水量条件下,堆码成一定体积的烟堆,依赖于烟叶自热作用所产生的热量,促进烟叶内的生物化学变化,从而改进烟叶品质和加工特性的一种方法。其他发酵方法的原理也大体与此相同。

堆积发酵时烟叶的水分,芯烟一般为25%~40%,包皮烟为20%~30%。把此种水分的烟叶堆码在离地面20 cm以上的堆架上。烟堆高度1.5 m左右,宽度1.5~2 m,长度视场地情况而定,一般为4~5 m。每堆烟叶重2 500 kg左右,有时也可多达5 000 kg,也可少到1 000 kg左右。烟堆堆码的方法是,烟把的把头向外,由外往内逐渐堆码,后一排约一半长覆在先一排的烟把上,码好第一层再码第二层,逐渐往高堆码,直至达到预定的高度为止。堆码时可在烟堆中部放两根金属管子,以便安插温度表,观察烟堆内温度的变化。烟堆外面用草帘、竹席、棕衣或帆布覆盖起来,以防烟堆表面烟叶过干。一般经过5~7 d,堆内温度便可上升到预定的要求(芯烟为55~65 ℃,外包皮烟为40~50 ℃,内包皮烟可比外包皮烟略高一些)。此时,开始进行翻堆,把烟堆拆开,让堆内发酵时所产生的不需要的挥发性物质和气体在热量散失的同时散发出来。待烟叶冷却后,为使整个烟堆的烟叶发酵均匀,按外翻内、上翻下的原则,重新码堆。这样,烟堆又自然升温,发生发酵作用。一般要如此翻堆2~5次,发酵便基本结束。

堆积发酵的要点是:

第一,要掌握好开始发酵时烟叶的含水量。

第二,一定要掌握好翻堆时烟堆内温度的高低。

第三,烟堆不要过大或过小,一般每堆烟叶在2 500 kg左右为好。

第四,在正常情况下,翻堆次数应以发酵后烟叶质量达到要求为度。

第五,要注意发酵场所的通风以及翻堆时排除发酵时所产生的不愉快的挥发性物质和气体。

堆积发酵的场所,一般不需要特殊的装置,但在气候寒冷的地区和季节,发酵作用缓慢,时间长,效果较差。在这种地区和季节,可人为提高发酵室内空气的温度,以加速发酵进程,缩短时间,提高发酵质量。通常,室温保持在20~30℃,相对湿度不低于70%即可。

堆积发酵可以是烟把堆码,也可以是散叶堆码。散叶堆码的发酵质量较烟把堆码的略差,但升温较快,发酵周期较短,操作简单,便于机械化操作。

雪茄烟堆积发酵中还常常加进一些加速发酵进程以及改进燃烧性和色、香、味质量的添加剂。如加进0.5%~1.0%的白酒,不仅能明显改进烟叶的燃烧性,除去杂气,增进烟香,还有促进发酵进程的作用。又如用茶叶水代替白水加到烟叶上,既能改进烟叶色泽,又能改善吃味。

有的工厂,为缩短发酵周期,特别是在冬季,采用热风加潮的方法,提高开始堆积时的叶温,使烟堆升温加快。

二、装箱发酵法

国外将此法用于芯烟和内包皮烟的发酵。将烟叶装在能容100~175 kg烟叶的木箱内,箱高76 cm,宽76 cm,长90~132 cm(随烟叶长度不同而异),木箱两端的中部有1.5 cm左右宽的缝隙。箱内顺长向排列烟把或烟叶,梗头要离开横头4 cm左右,以便空气流通。此法可单独使用,也可先进行堆积发酵,而后再进行装箱发酵。

装箱烟叶堆在仓库内,可自然发酵,也可人工加热使室温保持在30℃左右进行发酵,后者可大大加速发酵进程。这种方法发酵烟叶的时间较长,如不注意掌握好烟叶水分,箱中心有发生霉烂的危险。

采用此法,困难较多。我国通常利用烟包(或烟捆)堆积在仓库内进行自然发酵,也可取得同样效果。不过,要视烟包内烟叶含水量情况,注意对烟包定期进行翻堆,以利发酵进行,也可防止包内烟叶腐烂。

三、糊米发酵法

这是四川省什邡市晒烟的一种传统发酵方法,历史较久,也是目前国内晒烟发酵比较完整和很有成效的一种方法。什邡晒烟发酵的全过程包括初步发酵、糊米发酵和发酵后的陈化三个阶段。

（一）初步发酵

当地又叫作烧堆或烧阳水,指调制结束后到烟捆能安全贮存为止。这是烟叶进入安全贮存状态的必经过程。只有经过了初步发酵,才能进行糊米发酵;不进行糊米发酵的烟叶,也只有经过了初步发酵,才能进行长时间的自然陈化。初步发酵的主要作用是除去晒制后烟叶过多的游离水分,降低烟叶的吸湿力,使烟叶打包成捆后贮存时不发生霉烂变质。此法能减轻烟叶青色,使叶色向棕色转变,色泽趋于均匀,除去部分生青气,减轻烟味的刺激性,改进燃烧性。

在实际生产中,初步发酵通常经过四个时期。第一个时期是烟叶整索(什邡晒烟是烟叶串在绳索上晒制的)下烟架后,把一整索烟叶卷绕成的螺形小捆,堆码成宽与高 1.5 ~ 2 m、长任意的烟堆,因什邡当时的气温高,三四天之后堆内温度很快便能上升到 50 ℃左右,便翻堆一次,再经过二三天的堆积即可。第二个时期是烟叶从烟索上解下,扎成 1 ~ 1.5 kg 重的大把,又堆码起来发酵,六七天中间翻一次堆。第三个时期是将大把烟叶,按部位、品质、长短进行分级扎把后,堆码起来发酵半个月左右。中间翻堆两次,使烟叶水分降到 20%左右,便包装成捆,销售给商业收购部门。第四个时期是将烟捆堆码高 2.3 ~ 3 m,可堆码成单排或双排的长堆,也可堆码成"井"字形方堆,当烟捆内温度较高时(40 ℃左右),便进行翻堆,特别是烟叶水分较高的,要定期进行翻堆,以防霉烂变质,直到能安全贮存为止。

以上初步发酵,必须注意:①场所应选择地势干燥、通风良好处;②烟叶应堆码在离地 30 cm 以上的堆架上;③烟堆四周不能靠墙;④未成捆的烟堆上,可覆盖草帘、棕衣或麻袋等物;⑤堆码时不能重压,以免堆内缺乏空气,影响发酵质量。

（二）糊米发酵

主要适用于芯烟,其原理和操作方法基本上与堆积发酵相同。不同的是发酵前增加烟叶水分,不是喷加白水,而是喷加糊米水(将大米炒糊到米心尚有菜籽大小时,立即倒入开水中熬煮 10 min 以上,过滤去渣所得的即为糊米水。熬煮时水为米重的 3 ~ 5 倍)。每 100 kg 烟叶加糊米水 30 kg 左右。将加糊米水后的烟把或散叶,堆码成堆。堆积发酵过程中翻堆 3 ~ 5 次,整个过程为 20 ~ 40 d,随季节气温高低而异。如糊米发酵后立即进入工厂加工流程,翻堆次数可少一些。

必须注意，烟叶经过初步发酵后，至少要经过整索烧堆和下索后大把烧堆才能进行糊米发酵，否则在发酵时易发生霉烂变质。另外，要掌握好发酵结束后的烟叶水分。如发酵后即用于工厂生产，水分可略高一点，如要成捆存放时，最好把水分控制在23％以下，不能过高；否则，烟捆中心就会继续自热升温，自潮作用释放出来的水分积聚在包心，易造成霉烂变质。

必须指出，这里所述的糊米水用量和发酵后控制的烟叶水分，都是指在四川省什邡市的气候条件下发酵什邡晒烟而言。在地点和烟叶品种变更之后，情况变化很大，应当通过试验来确定。糊米发酵与一般的高水分堆积发酵相比，发酵后的叶色较为红褐而有光泽，吃味较为醇和，烟香气较浓而纯净，燃烧性和烟灰的颜色改进也较大。我们认为，加进糊米水进行堆积发酵，对改进雪茄烟叶质量的作用是显著的，但将大米炒糊后取其汁水喷加到烟叶上，是不经济的，应当通过科学实验，找出改进方法。

（三）发酵后的陈化

在糊米发酵后，当烟叶水分达到安全贮存要求时，喷加0.3％～0.5％的白酒，而后打包成捆，一般再进行半年以上的陈化。这对提高香气、吃味和燃烧性质量的作用是很显著的。在进行陈化时，烟捆不宜过紧，堆放不宜过高，通常为5～8捆高。陈化期间要注意观察烟捆内的温度变化，发现明显发热时，要及时翻堆。

四、红米发酵法

这是四川省新都柳烟的一种传统发酵方法，主要适用于芯烟。此法的要点是将"红米"（每100 kg烟叶用0.3～0.6 kg红米，视烟叶等级与习惯不同而异）用开水发软，磨细成糯糊状，掺入4～5倍土茶叶水（当地叫红白茶）调匀，将此红米浆吹喷在已初步发酵（烧堆）、含水量为15％左右的烟把上，搓理后堆码在堆架上，让其自热升温，进行堆积发酵。发酵周期一般为8～10 d，寒冷季节则要16 d左右。发酵后的烟把，搓理后喷上0.5％左右的白酒，便打包成捆，再进行陈化。

与糊米发酵相比：①加到烟叶上的不是糊米水，而是红米浆（"红米"是利用一种红湪，把煮熟的大米制作"红酒酿"，再干制而成）；②发酵时烟叶水分比糊米发酵低得多，因而堆温也低；③堆积发酵周期短，一般不翻堆。至此，发酵作用在烟把堆积发酵期间只是进行了一部分，还要在打包成捆后经过仓储堆积过程中的陈化,才能达到满意的结果。

红米发酵法能减轻或去除烟叶的青杂气,增进香气,改进吃味,使烟叶色泽红亮、软绵、燃烧性好。其原理与堆积发酵相似,但使用红米浆,既有向烟叶上添加改进剂的作用,而且更主要的是将一种酵母菌加在烟叶上,通过酶类的作用,促使烟叶内在成分发生有利于品质改进的变化。在一定的意义上讲,这是一种微生物发酵,值得深入研究。

五、醇味发酵法

这是四川省什邡市工农烟厂创造的一种发酵方法。它能显著降低烟叶劲头,使烟味醇和,在香气中除有烟叶自身的香气外,还有浓郁的冬青胶香气,风格独特而优美。此法只适用于芯烟。发酵前先向烟叶均匀加进40% ~ 50%的冬青胶(此系冬青树的叶和果实,被水抽提出的一种浓缩的黑色胶状物),40% ~ 50%的酒酿汁和5% ~ 15%的饴糖(加入量均以烟叶重为基数100 kg计)。加此料汁后的烟叶,装进深60 ~ 70 cm,长、宽均为2 m左右的木箱内,每箱约装烟叶200 kg,上面覆盖草席、棕衣或旧棉絮(视季节气温而定)。待箱内叶温上升到45℃左右时,进行翻箱,翻后当温度又升到40 ~ 45 ℃后,即可出箱。整个周期为7 ~ 15 d,随季节而异。采用此种发酵法要注意:①严格检查来料是否符合要求,叶片必须舒展,酒酿汁为酸甜味、无米粒,冬青胶未变质、无杂物;②加料必须均匀,加后要反复揉搓烟叶,使料汁浸渍进烟叶组织内;③严格注意保温,特别在冬季,要严防冷空气侵入箱内,必要时需提高室温,以利发酵进行;④掌握好箱内叶温变化,及时翻箱,翻时烟叶要充分抖散;⑤水分不足时,切不可加进生水,以防发霉;⑥发酵后出箱的烟叶,要充分抖散敞晒至水分合适时才送去切丝,否则易造成水分过高,切丝时料汁会流失;⑦切后烟丝可能会黏结在一起,要充分揉散,才能干燥,贮存待用,否则烟丝中会出现结块。

六、加料人工发酵法

有的工厂为加深和均匀芯烟色泽,改进吃味和香气,对有些晒烟,可在浸渍高量的料汁(如枣子汁5%、可可粉5%、白糖5%、柠檬酸0.5%、水54.5%)后,烘去多余的水分,使烟叶含水量在23% ~ 25%时,装入麻包,放入人工发酵室内,在温度55 ~ 60 ℃和相对湿度70% ~ 75%的条件下,发酵10 ~ 12 d。

七、快速的工艺处理方法

工厂在使用浓味烟叶(烟碱含量在4%以上)制造淡味雪茄时,或对刺激性大、杂气重的烟叶,采用一般的发酵与陈化方法,往往达不到要求,烟碱含量不能大幅度下降,或严重的刺激性与杂气不能有效地除去。对此,可借助快速的工艺处理来达到目的。目前采用较多的是蒸汽蒸叶和烟叶浸漂等法。例如,用0.6~1.0 kg/cm²的蒸汽,在蒸柜内蒸烟叶1~1.5 h,可降低烟碱含量1%左右。对刺激性大、杂气重的烟叶,将烟包堆放在密闭的"土发酵室"内,通入5~6 kg/m²的蒸汽30~40 min,使室内温度升达100 ℃左右,保温1 h后停止进气,闷放1.5 h即可。又如,用熬煮的茶叶水(水与烟叶的重量比为5∶1),冷却到50~60 ℃,将烟叶置入浸泡5 min左右,也可降低烟碱含量1%以上。用冷却到80 ℃的开水浸泡烟叶10 min,可降低烟碱含量2%以上,并显著减轻刺激性,除去杂气。

采用此种蒸、浸等快速方法处理烟叶,要掌握好气压或温度的高低和处理时间的长短。这要视烟叶特点和处理目的的不同而异,还要注意这些因素之间的相互关系,以取得较好的处理效果,即把不利的成分减少到最低程度,而有利的成分尽量多地保留下来;因为快速的工艺处理方法,在除去不利成分的同时,有利成分也有不同程度的损失。若处理不当,甚至还会使烟叶品质变劣。另外,用蒸汽处理烟叶,要特别注意烟叶的含水量,不能过高,否则烟叶不仅叶色发黑,还会出现苦味。

第二章 雪茄烟的生产配方

第一节 雪茄烟的烟质

这里讲的烟质,是指雪茄烟支在燃吸过程中给予吸食者的总体印象。烟质这个概念,既是具体的、实在的,又是抽象的;因为它是感觉得到的客观存在,可以比较得出来,并可予以评价。对烟质的评价目前还不能直接用绝对数值来表示,主要还是用一些抽象的文字说明来予以叙述,而且文字叙述对烟质的表达往往较模糊。

与卷烟相比,雪茄烟烟质的特点是:雪茄型晒晾烟香气浓郁,烟味浓,劲头较大。雪茄烟烟质主要由下列因素构成。

色泽。由于雪茄烟多采用晒晾烟叶,在工厂加工制造前,烟叶又要经过比烤烟更为剧烈的发酵阶段,因而烟叶原料的颜色较深,光泽较差。除对外包皮叶的色泽有严格的要求外,一般对内包皮叶和芯叶的颜色没有特殊要求,只要求它色泽均匀,具有一定的光泽。对外包皮叶来说,以色浅、光泽鲜明者为优,色深、光泽暗者为次。世界雪茄烟市场上最名贵的雪茄烟,多采用印尼苏门答腊外包皮烟叶,其次是美国康涅狄格和佛罗里达的阴植外包皮烟叶,其颜色为略显黄褐的浅棕色,光泽鲜明。我国目前采用的外包皮烟叶,主要是浙江桐乡红烟、四川什邡毛烟和各地产的白肋烟,其中以桐乡红烟为优。

香气。这是吸食者燃吸雪茄烟支时鼻腔内所得的感觉。雪茄烟必须具有雪茄型晒晾烟香气。香气的优劣,既包含香型的特征,即雪茄型香气的典型程度、香气的谐调程度以及杂气的有无与多少,又包含香型特征的强度。以雪茄型香气浓郁、纯净为优。

吃味。这是吸食者燃吸雪茄烟支时口腔(大部分是舌)内所得的感觉。雪茄烟吃味的特点是烟味浓,劲头较大,余味微苦。劲头(即吃味强度)的大小只是雪茄烟产品的特点,不是吃味优劣的尺度。余味微苦是指吸食者吸食雪茄烟之后,口腔内似有饮浓茶后的"苦涩"之感,但随后有光滑、甘凉、舒适之觉,绝不是指吸食后口腔内的苦辣之感。雪茄烟吃味的优劣,既包含烟味特征,又包含烟气对喉部的刺激和口腔对烟气感受(包括烟气呼出后的感受,即余味)的舒适程度。以烟味浓、净,余味舒适为优。

燃烧性。它包括阴燃持火力、燃烧速度、均匀度和充分程度,以及烟灰的颜色和黏结性。雪茄烟应有好的燃烧性,即阴燃持火力强(3~5 min以上),燃烧速度适中,燃烧均匀并充分,燃点火口后面的黑圈窄,烟灰色洁白紧卷。雪茄烟的嗜爱者,对烟灰洁白而紧卷这一点尤为讲究。

雪茄烟上述烟质因素,目前主要还是凭吸食者感觉器官的感觉来判断和鉴别的。为使感官判断正确,品评人员只有通过不断地评尝实践,提高品评水平。同时,利用对比的方法,会有助于提高鉴别的准确度。在品评烟质时,应严格掌握产品的等级标准和市场价格,使衡量的尺度正确。

第二节　雪茄烟配方工作的内容、意义和要求

雪茄烟配方是指鉴定、评价与选用符合产品要求的烟叶原料,设计或拟订各种烟叶的合理配比,确定进一步改进产品质量与工艺特性而必须掺入的非烟叶物质(或叫添加剂,如糖料和香精)的种类与用量,必要时还须确定改进产品质量应采用的工艺处理方法,最后在生产中组织施行,制造出符合既定要求产品的全部工作和过程。不能只理解为做出一份产品的烟叶配料单所做的工作,更不能只理解为一份产品的烟叶配料单。做出一份产品的烟叶配料单,固然是配方工作的一个重要的、关键的部分,但不是配方工作的全部。配方工作的最终目的,是将设计的产品配方付诸生产实践,制造出符合既定要求的产品。

鉴定与评价各种烟叶原料(不同品种和不同等级),是配方工作的基础,是配方工作的第一步。通常,这是用感官和物理、化学等手段来完成的,而且目前主要还是用感官手段。通过对各种烟叶原料的色、香、味、质量和某些物理、化学特性的认真鉴定,对其使用价值做出确切的评价,即每种烟叶的质量特点、利弊何在、可起什么作用和做什么用途等。在此基础上,选用符合所制产品要求的烟叶(品种和等级)。所谓符合产品要求,主要是针对产品的具体质量和经济成本而言。

所用烟叶原料的品种和等级初步确定之后,对准所制产品的要求,根据各

种烟叶的质量特点和价格,设计或拟订该产品的各种烟叶的合理配比,是配方工作最重要的阶段。设计各种烟叶合理配比的重要性,主要在于:一个产品的各种质量因素,不可能完全从同一种烟叶获得。也就是说,一种烟叶往往不可能具备产品所要求的全部质量因素。在雪茄烟配方实践中经常遇到,一些雪茄型香气浓郁的烟叶,在吃味上刺激性大,一些烟味和顺、余味很好的烟叶,香气略显平淡,还有一些雪茄型香气特征很好的烟叶,香气强度有所不足,或吃味很好的烟叶,劲头却过大等。所谓合理配比,是说在配比时,产品质量最好,且经济消耗最低。众所周知,使用烟叶的品种和等级相同,由于配比不同,所得产品的质量差别很大。一个产品配方中,往往某种烟叶使用比例的少量变动,会使产品质量发生明显的波动。因此,如何把质量特点不同的各种烟叶合理地配合在一起,尽量发挥其优点,最大限度地减轻以至消除其缺点,获得一个质量和成本上满意的产品,是十分细致的工作。而这一工作,在现阶段主要凭借配方工作人员的经验和实践来完成的。

在设计或拟订产品的烟叶合理配比过程中,往往发现,即使是合理的烟叶配比,与既定的产品香气和吃味质量要求之间还有一定的距离。甚至有一些不足之处,靠叶组配方也不能完全克服。同时,雪茄烟配方工作中常常遇到内、外包皮烟叶的燃烧性达不到产品的质量要求,烟叶的水分、物理特性与产品的烟叶消耗定额之间不相适应,等等。因此,在设计合理的烟叶配比之后,为进一步改进质量,降低烟叶消耗,还要试验和确定掺入非烟叶物质的种类及其用量。在某些产品,特别是高档产品的配方工作中,其重要性尤为突出。此外,对产品中所用的烟叶原料,在发酵与陈化上有何特殊要求,在生产工艺技术条件上需要注意些什么,也要一一提出。例如,刺激性大、杂气重的烟叶,发酵的温度和水分要高一些,时间也长一点,而味醇、杂气轻、香气质量高的烟叶,则发酵的温度和水分宜低,甚至可采用自然陈化的方法。又如,有些烟叶在生产流程中,需要有一个短时间的高温处理,而另一些烟叶则不需要。

一个完善的产品配方,不仅在小样试制时满意,而且要在将此配方用于大量生产中后,能生产出既符合既定质量要求又稳定的产品。因此,配方工作人员还要在生产实践中组织施行产品配方。检验一个产品配方的优劣,要以最终的产品质量和经济效果为标准。

雪茄烟配方工作,严格说来,属生产工艺范畴,是生产工艺技术的重要环节。因它对产品质量(特别是内在质量)、对产品成本(烟叶成本一般约占雪茄产品总成本的40%~60%,随产品装潢费用和生产的机械化程度高低而异)影响很大,与工厂的技术经济活动的关系极为密切,通常把它从工艺技术工作中单独列开。工厂生产中经常遇到,使用同样的烟叶原料,但配制出质量上差异显著的产品;或产品质量相近的配方,而产品成本差异很大。产品成本高的配方,不一定其质量就好。

配方工作人员设计的产品配方,简要地说,应达到以下要求:①质量要符合该产品的等级规定;②配方中使用的烟叶原料,要有充足的来源,并能合理、均衡地使用工厂库存的各种烟叶;③经济上合理,即不仅质量高,还要成本低,烟叶消耗低;④生产中易于执行,使产品的劳动生产率高。

第三节　雪茄烟配方工作的步骤

设计或拟订雪茄烟的具体产品的配方,通常必须做好下列工作:

第一,确定对产品的具体质量要求,明确产品味型、质量等级、价格、风格的特殊要求和烟支式样与规格等。

第二,确切掌握所用烟叶原料的烟质。

第三,小样配方试验。

第四,大样验证。

第五,投入生产后,妥善解决产品质量上出现的波动。

第四节　雪茄烟的配方实例

现就全叶卷、半叶卷和非叶卷雪茄的叶组配方,各举一例。

例1:全叶卷雪茄,特级,中味型

外包皮:桐乡红烟四、五级

包皮:什邡糊毛烟一级

芯叶:什邡糊毛烟一级　　　　　50%

　　　新都红柳烟一级　　　　　20%

　　　新都红柳烟二级　　　　　15%

桐乡红烟四、五级　　　　　5%

开县白肋烟中一级　　　　　10%

例2：半叶卷雪茄,一级,淡味型

外包皮:桐乡红烟四、五级

内包皮:棕色卷盘纸

芯叶:什邡糊毛烟一级　　　　25%

新都红柳烟一级　　　　　75%

例3：非叶卷雪茄,一级,淡味型

外包皮:特制棕色卷盘纸

芯叶:什邡糊毛烟一级　　　　30%

桐乡红烟四、五级　　　　　5%

新都红柳烟二级　　　　　10%

开县白胁烟中三级　　　　　55%

第五节 雪茄烟的配方管理

配方管理是雪茄烟工厂技术管理的一个重要组成部分。它与产品质量、产品成本以及烟叶原料供应与平衡使用等关系极为密切。配方管理的主要内容如下。

第一,制订年度配方计划。雪茄烟厂烟叶原料供应,目前有两种情况,一种是一年一次性调拨,另一种是一年一次下达供应计划,分期分批调拨。配方工作人员根据全年烟叶供应情况,对产品品种、数量、配方和成本进行综合平衡,制订年度配方计划。制订年度配方计划时要注意:①确定产品品种、数量和配方时,要充分考虑烟叶供应情况;②应充分考虑产品成本的年计划;③为保证产品质量,必要时对烟叶供应提出调整意见,及早衔接;④烟叶原料使用上应做到优叶优用,好原料要细水长流,劣原料也要合理利用。

第二,制订月配方执行计划。编制工厂年度配方计划之后,在实际执行中,因每月的生产计划和烟叶原料情况不同,必须做出相应月配方执行计划。

这是对年度配方计划的具体执行,配方工作人员要以高度负责的精神,把月计划做得更为详细和具体。月计划中对个别供应衔接不上的烟叶品种,如数量少、短时间即可用完的烟叶品种,要做出临时代用配方。同时,在坚持产品质量第一的前提下,每月产品的具体配方成本允许与年度配方成本有些许差异,略高或略低。但从全年来讲,仍要保持配方成本的平衡。

第三,衔接确定好烟叶发酵月生产计划和配方执行计划。必须衔接好烟叶发酵计划,并随时掌握发酵进度和发酵后烟叶质量。这是确保产品质量的重要工作之一。

第四,经常评吸产品,配方工作人员、检验人员要听取市场反映。通常还应由领导、工人和技术人员组成评吸小组,定期或不定期评吸产品质量。听取市场反映很重要,市场销售情况,消费者"喜欢或不喜欢"的抉择,是产品质量优劣的很好说明。发现问题,及时分析原因并纠正,确保产品质量的稳定。

第三章 雪茄烟的生产调制

烟草生产与其他农作物不同,一般农作物在田里生长成熟收获干燥之后,就是产品。烟草叶片在田里成熟的时候,其中还含有85%左右的水分,叶色黄绿,采收后既不便保存,也不能吸用,反映烟叶品质的颜色、光泽、油分、香气、吃味等均没有显现出来,必须立即在产地进行初步加工,通常称为调制,才能使鲜烟叶成为产品,供给卷烟工业作原料。

烤烟的调制是将采收下来的烟叶放置在专门的烤房内,根据烟叶不同阶段的要求,控制一定的温湿度,促使新鲜烟叶凋萎、变黄、干燥,使烟叶的外观特征和内部化学成分向着有利于品质的方向转化,这种调制方法称为"烘烤",烤烟也因此而得名。一般在产地初步加工烤出的烟叶称为"原烟"或"初烤烟"。经烟叶复烤后的烟叶称为"复烤烟"。

晒烟的调制是烟叶采收后主要利用日光热能在室外晒制,使烟叶的颜色、吃味和理化性质达到晒烟具有的品质要求,故称"晒烟"。晒烟由于使用的工具不同,有索晒、折晒和捂晒的区分。因晒制方法上的差异,叶片晒制后有晒红烟和晒黄烟的区分。

晾烟的调制是利用特制的晾房或有通风排湿条件的房舍,将采收的烟叶悬挂在房内,利用空气对流,经自然凋萎、变色、干燥而成,因此称为"晾烟"。

第一节 烤烟的生产调制

一、烤烟烘烤的目的

烤烟烘烤是将采收成熟的新鲜烟叶悬挂在烤房内,运用适当的温度和湿度条件,将烟叶烤干,以便保存和使用。同时,还要促使烟叶内部进行复杂的生物化学变化,使烟叶所特有的色、香、味显露出来。所以烘烤的目的有两个:①排除鲜烟叶里的大量水分,使其干燥;②使烟叶内对品质起不良作用的成分通过烘烤,部分分解、转化为对品质有利的物质,以符合卷烟工业对原料的要求。

据上述,不能把烟叶的烘烤理解成为一种简单的脱水干燥过程。烘烤与一般的烘干作业不同,它是烤烟的特定加工过程。如果不控制适当的温湿度,把鲜烟叶放在烘箱里或火炉上烤干时,就会烤成死青色或青褐色,质量很低,根本显现不出用适当方法烘烤所得到的烟叶的色、香、味。这是因为烟叶的内含物,特别是对品质起不良作用的成分还来不及分解、转化,就被烤干了,或者向坏的方向变化时就被烤干了,所以得不到优良品质的烟叶。如果先用甲醛(福尔马林)或其他化学药剂浸泡鲜烟叶,把叶细胞杀死,即使再用适当的方法烘烤,烟叶的内部成分也不会向有利于品质的方面变化,得不到优质的烟叶。说明烟叶烘烤前期是在叶细胞有生命活动的状态下,进行一定的生物化学变化,是在外界断绝养料供给情况下的饥饿代谢过程,叶细胞被杀死后,叶内的生化过程就不能正常进行了。

为了达到上述的烘烤目的,尤其是第二点,烘烤就必须在特制的烘房设备中,创造一定的温湿度条件下进行,并在烟叶烘烤的不同阶段,控制不同的温湿度,根据需要促进或减慢甚至停止叶内的生化变化,才能使鲜烟叶内对品质起不良作用的成分,部分分解、转化成为对品质有利的物质,使烟叶所特有的色、香、味显露出来,得到卷烟工业所需要的原料。

二、烘烤设备

烟叶调制必须有一定的设备,烘烤烟叶的专用设备称为烤房。要求烤房能够提供适当的温湿度条件,将鲜烟叶加工成品质优良的原料,满足卷烟工业的需要。

烤房有自然通风烤房和机械通风烤房。

自然通风烤房是由于烤房内外空气的温度差而产生的热压引起的空气流动。自然通风烤房根据烤房内空气流动的方向分为气流上升式烤房和气流下降式烤房。

机械通风烤房是借机械(例如鼓风机)强迫空气按一定路线流动。机械通风烤房有热风循环式堆积烤房和其他类型的烘干设备。

目前我国使用较多的为自然通风气流上升式烤房,也有部分自然通风气流下降式烤房。

（一）烤房的基本要求

烤房是烟叶烘烤的专用设备。为了保证烟叶的烘烤质量,在烟叶变化的不同时期,能调控需要的温度和湿度。对修建的烤房,在使用前要进行测试,烘烤过程中还要注意观察、检验。其基本要求是保温良好,火力强旺,升温灵敏,平面温度比较均匀,排湿通畅,地点适宜,经济适用。

（二）自然通风气流上升式烤房

1. 自然通风气流上升式烤房的特点

自然通风气流上升式烤房的供热系统设置在烤房的底部,炉灶砌筑在一面山墙的正中,在烤房外面烧火加煤,使热烟气流经铺设在烤房内地面上的火管,由火管表面散热,利用自然通风及气体分子的热运动使热量自下向上移动,提高烤房温度。这是目前国内外应用最普遍的形式。

自然通风气流上升式烤房,由于墙体建筑用料、烤房形状、挂烟方法、装烟容量、热源种类、火管材料及火管排列等不同,其形式多种多样。尽管在烤房建造上有一些差别,但烤房内气流的流动方式都基本上是一样的,在烟叶烘烤过程中有其特有的规律。在烟叶烘烤的不同时期,当烤房处于密闭状态和通风状态两种情况下,烤房的气流规律及温湿度状况有较大的变化。

气流上升式烤房有如下特点:①烤房内主气流是由下而上,与热气自然上升的规律相适应,因而升温快,上中下层的温差较小(相差8℃以内),因此,烤房可以适当建得高一些,空间利用率较高;②通风排湿系统是由设置在山墙下部的地洞进风,房顶上的天窗排气也是自下而上,与热气流传递路线相同,故排湿较快;③在密闭状态下,烤房内的气流流动很慢,温度是由下层到上层逐渐降低,而相对湿度则由下而上逐渐增高,因这时温湿度主要是受热源的影响,外界影响较小;但在通风状态下,会产生下降的气流,在烤房的中上层形成冷气团,这是气流上升式烤房的主要缺点;④结构简单,建造容易,可以就地取材兴建,造价较低;⑤热源装置在烟层下面,如果火管破裂漏火,或掉下的烟叶没有及时处理,被烤干燃烧,会引起火灾,应在烘烤过程中,特别是干筋期注意检查。

2. 气流上升式烤房的形状及容量

生产上使用的气流上升式烤房的形状,主要有正方形和长方形两种。从实地测试看出,烤房越长,烤房内平面温差越大;长宽比越接近,温差越小。相比之下,以正方形为好。同时建造相同容量的烤房,正方形比长方形节省材料,减少投资,升温快,热力均匀,温度易调节,热效率高,节省燃料。

烤房容量即烤房的装烟量、规模大小。烤房的容量要与种烟面积相适应。一般在一个烘烤季节,100根烟竿(竿长1.5 m)可以烤干烟400 kg左右(鲜烟叶3 200～4 000 kg),可供亩(1亩=1/15 hm²)产150 kg左右的烟地2.5～3亩烘烤烟叶用。一般烟架设5～6层。若层数太多,烤房须建得高,上下层温差过大,难于上下兼顾,在修建上尤其是筑土墙较为困难。层数过少,烤房利用率低,增加了投资成本。

一般设置五层烟架的烤房,内空2.67 m×2.67 m可供3～4亩烟地、3.33 m×3.33 m可供5～6亩烟地、4 m×4 m可供8～9亩烟地烘烤使用。

从烤房大小比较,大烤房热容量大,相对受外界气候变化影响较小,因而房内温度较稳定,省燃料;但烤房过大,火管很难配置合理,温度不易均匀。同时由于热容量大,升温不灵敏,排湿缓慢,延长烘烤时间。此外,采烟、绑竿、装炕要在一天内完成,处理的烟叶多,耗费时间长,稍有不慎,将会造成烟叶损坏。小型烤房则相反,操作控制方便,升温排湿灵活,平面温度易调均匀,但烤房内的温湿度受外界因素的影响,变化幅度较大,相对湿度不易保持。了解这些特性,在烘烤时要密切注意。

在目前的生产水平下,一般以建造(2.67～4)m×(2.67～4)m见方的小、中型烤房为宜。

3. 烤房建筑结构

(1)墙壁

烤房的墙壁要求保温性能好,坚固耐用。墙基必须用石块或砖,按一般民用建筑规定的标准砌筑。墙壁材料可因地制宜,就地取材,以节省投资。使用较多的有土墙、土坯墙、砖墙和石墙。以空心墙的保温性能最好。这是因为空心砖墙或多孔砖墙,由于其内贮有完全静止的空气,而空气是热的不良导体[导热系数83.6 J/(h·m·℃)],保温性能很好。这只是当墙内空气和墙外空气隔绝,并处于完全静止状态时,才能起到良好的保温作用。如果灰浆嵌缝不严,墙内外的空气能够进行对流传导热量,保温效果就差。此外,当空心墙的两面所受压力不等或受到强烈震动时,就感到强度不足,因此空心墙不宜建得过高,最好使用同一种材料砌筑。贵州烟区用砖墙筑成二五空心墙(即墙厚25 cm)保温性能较好,节省材料,有条件的地区可以采用。在烤房建造实践中,当前仍以土墙、土坯墙为多,若能在春墙或筑土坯时加入切成4~6 cm长的麦秸或稻草,可以增加墙体的强度。同时麦秸、稻草属于维管多孔物质,它的存在一定程度上阻碍了墙体中纯土质热的传导,从而表现出较好的保温性能。有的地方靠近石山,取石方便,用石块砌墙只要灰缝严密、内墙泥光,有利吸水防止倒汗。以上几种墙壁材料可以就地取材,节省投资。

墙壁的厚度,一般应为33~50 cm,根据传热学中的"导热量与墙壁厚度成反比"的原理,相同的材料,适当增加厚度可以相对地减少导热量,提高保温能力,在条件允许的情况下,烤房墙壁宜厚不宜薄。

（2）房顶

烤房的房顶要求保温、防雨、耐用。南方烟区一种是尖顶屋面,在檩条上钉上望板或垫竹子、树条,糊上15~20 cm的草泥灰浆,作保温层,再在屋面上铺草或盖瓦防雨,这种房顶结构不但保温,也能防火。另一种是在最顶上一层烟架上方0.33 m左右装天花板顶棚,天窗开设在天花板上,天窗以外的其余部分铺草泥灰浆,天花板顶棚以上的尖顶山形屋面再盖瓦、铺草防雨。近年也有不少平顶烤房,房顶先钉木板条,上糊草泥灰浆,最上面涂一层水泥防雨,天窗开设在平顶屋面上。

（3）门

烤房门在方便上烟操作的情况下,宜小而少,设在避风火力较强的一面。要求关闭时严密不漏气,保温性能好。一般单层木门木板较薄,传热量大（木门传热量比墙壁大3~5倍）,保温差,往往靠近门口的烟叶烘烤时受到影响,因此应注意门的构造和安装。比较之下,以双层门为好,但用木料较多,造价高。可在单层门面铺上稻草,再钉上牛皮纸固定稻草,不致散落,以增强保温性能。

中小型烤房开设一个门,开设在底层烟架以下。但有的山区利用地形特点,在底层至三层烟架之间开门,可以减少登高操作,减轻劳动强度,同时可避免上下烟时踩坏火管。但在底层烟架以下,仍需留一小门,以便修理火管、捡拾掉落的烟叶及进出烤房之用。

门的大小以上下炕装卸烟叶操作方便为前提,小一点为好。一般门宽0.7 m,高1.4 m左右为宜。

（4）观察窗

一般需开设三个观察窗:第一,干湿球温度计观察窗,开设在底层和二层烟架之间,上方平二层烟架;第二,安全检查窗,开设在底层烟架以下,距烤房地面1 m左右处,也可在烤房门上留一小窗,高15 cm,宽25 cm,最好外口小、里口大,以扩大视野;第三,上层烟叶观察窗,开设在4~5层烟架之间的山墙上。

（5）烟架（楼枕）

一般用直径10~12 cm的圆木将两头固定在前后墙上,有的地方靠墙的两边不用圆木,直接在墙上挖槽或将砖撤出1/3存放烟竿,可节省木料。烟架距离多为1.33 m,也有1.67 m（如3.33 m见方的烤房）。高度要求底层烟架距地面1.67 m,以上各层烟架之间的距离为67~70 cm。

4. 烤房的加热设备

烤烟烘烤是个热力消耗过程,加热设备是烤房结构中最重要的组成部分。我国目前使用的烤房,绝大多数以煤作燃料,加热设备包括炉灶、火管、烟囱三个部分。这三个部分必须装置合理,并与烤房的容量相适应,才能达到火力强旺、升温灵敏、平面温度比较均匀,保证烟叶烘烤过程中的不同阶段对温度条件的要求,把烟叶烤好,并能节省燃料。

烤房加热设备如果安装不符合要求,就会出现各种故障,影响烟叶烘烤质量,必须及时排除。

第一,倒烟。煤炭燃烧时,火焰不向主火管流动,烟囱出烟不畅,而从炉灶门倒出,刮风时更为严重,造成火力不旺,升温不灵敏。主要原因是炉条末端接主火管的陡坡度不够,陡坡顶端低于过桥石,或主火管的坡度较小,或烟囱拔力不够。可撤开炉门,适当降低炉条位置,加大陡坡,调整主火管的坡度。如果是烟囱拔力不够,应把烟囱加高或把断面增大。并检查烟囱下部掏灰口,清除积灰。

第二,偏火。火力一边高,一边低。有几种原因:如果是分叉火管一侧温度偏高,这是由于分火口不正、大小不匀或分叉火管两侧及边火管坡度不一致,使分火不均匀造成的。可以调整分火口设置的分火砖,使两侧分火均匀。若两边温度仍有差异,可降低温度较高一侧或抬高温度较低一侧分火管的坡度。如果是烤房某角温度偏高或偏低,若偏高较多,可降低弯头,温度只是略为偏高,只用灰浆加厚火管壁即可;偏低可抬高弯头。有的烤房主火管两侧温度不等,可能是炉灶和主火管偏离烤房中线,应将其调整到正中,若是因为温度高的一侧的边火管没有水平,可降低火管坡度至水平。如果是因为温度低的一侧烤房墙壁透风漏气,应封堵漏气处使其严密。

第三,跑火。炉灶火力旺盛,耗煤多,但烤房升温较慢。原因是主火管及边、送火管的坡度太大,使火管内烟气流速太快,火管壁散发的热量少,烟气就很快进入烟囱排走。应降低主火管的坡度,使边、尾火管保持水平。另外,烟囱口径大或建得太高,也能造成跑火,应予调整。

5. 烤房的通风排湿系统

建筑物内自然通风的原理是风对建筑物的风压和建筑物内外空气的温度差而产生的热压。在利用热压讨论自然通风时,建筑物内空气流动的能量,一般只考虑热压的因素,不考虑风压的作用。在单纯热压影响下,一座室内比室外空气温度高的建设物,若上下都有一些开口与大气相通时,就会产生自然换气,即自然通风。空气从下部开口进入室内,由上部开口排出。

自然通风气流上升式烤房的通风排湿,就是利用室内外空气的温度差所产生的"热压"进行的。由于烤房内外温度不同,空气的比重发生变化(空气比重随温度的升高而减少),形成了比重差。这是自然通风烤房空气流动的主要动力。

烟叶达到工艺成熟采收时,其叶片含水量仍有85%左右。在烘烤过程中,烟叶蒸发出来的大量水分,要依靠自然通风排出室外,使烤房里空气的相对湿度达到烟叶烘烤不同阶段的要求,才能保证烟叶的烘烤质量。因此,烤房的通风排湿设备必须确保排湿顺畅。

气流上升式烤房的通风排湿设备包括进风洞(又叫地洞)和排气窗(又叫天窗)。地洞、天窗的面积大小、结构和安装位置是否合理,对烤房进风、排湿的快慢和温湿度的高低及均匀程度都有直接影响。

(三)自然通气气流下降式烤房

在东欧部分国家和澳大利亚的一些烟草生产单位使用的气流下降式烤房,其炉灶开设在一面山墙的中间或两侧,与炉灶连接的火管沿墙脚走,至墙角拐弯,沿另一山墙脚走,再从火管上方折回成双层,顺原路返回至炉灶上部进入烟囱。

贵州近年修建的自然通风气流下降式烤房,经过改进,炉灶设在山墙的一侧,连接炉灶的火管沿墙脚延伸,距对面墙角35 cm左右顺第一层火管上面折回,到炉灶底再从第二路火管上折回,排列成三层,然后倒下从炉灶对面墙基上伸出墙外,进入烟囱。通风排湿是依靠开设在炉灶火管一侧墙脚的5~6个进风洞进风及开设在烤房地面以下的排气沟和包围烟囱的直立套筒排湿。由于进风洞正对着第一层火管,从墙脚进风洞吹进的空气,接触火管壁后被加热上升,至烤房顶棚下,由于顶棚是密封的,逼迫热空气沿着顶棚逐渐移动,在移动过程中温度降低下沉接触烟层,加热烟叶并带走烟叶排出的水分,在烟层中继续下陷,直至地面。在烤房排气沟口关闭的情况下,降至地面的湿热空气与火管再次接触加热,又上升至顶棚,重复上述的内循环过程。在烤房通风的状态下,上述内循环过程依然存在,只是增加了从室外进入的冷空气量和降至地面的一部分湿热空气进入排湿沟经包围着烟囱的直立排湿套筒排出室外。气流下降式烤房具有下列特点。

第一,烤房内的气流流动比较有规律,无论烤房处于密闭或通风状态,房内气流都能进行内循环。热气流都是由上而下地流经烟层,使烟层的平面温度比较均匀。由于热气流是自上而下流动,与正常热气流自然上升的规律相反,故气流流动速率较上升式烤房较慢。

第二,由于进风洞开设在安装火管一面的墙脚,室外进入的冷空气经预热即上升,不直接吹进装烟室,烟层中的温湿度状况不易受室外气候变化的直接影响。

第三,烟层下的地面没有火管,火管上方不挂烟,装卸烟叶操作方便,不易引起火灾。

第四,炉灶火管在墙的一侧,装烟室地面没有火管,排气沟盖板与烤房地面持平,便于一房多用,综合利用。

第五,排湿主要是通过包围烟囱的套筒进行的,排湿快慢与烟囱壁的温度直接相关。这正好与烘烤过程中各个时期所需的温湿度相吻合,即火力最大时也正是大量排湿的时期,通过控制火力大小即可掌握排湿速度,在烘烤时操作就简便了。同时即使炉灶火力短时减弱,烤房内也不致很快降温,烤房温度相对稳定。

第六,烟层下面没有火管,距地面1.1 m左右安装第一层烟架,在不降低烤房利用率的情况下,降低了烤房高度,利于修建。

三、烟叶的成熟与采收

(一)烟叶的成熟

烟草在移栽后60 d左右,叶片开始由下而上逐渐成熟。成熟度(即烟叶的成熟程度)是烟叶质量的重要指标,是烟叶分级品质因素中的中心因素。成熟度直接影响烟叶的内含物质、外观形态及物理化学性质。成熟的烟叶烤后色泽鲜亮,吃味醇和,香气浓郁。国内外厂家对烟叶的外观质量如颜色深浅、光泽明暗、油分弹性等可能有不同的要求,但对成熟度的标准是统一的。即必须采收充分成熟的烟叶,才能保证质量。采收烟叶成熟度不够,是影响烟叶质量的重要原因。因此,了解烟叶的生长过程,掌握烟叶成熟度的外观特征,适时采收,对提高烟叶品质、保证质量、增加收益具有十分重要的意义。

1. 烟叶的生长成熟过程

就一片烟叶来说,从幼叶到衰老,可分为旺盛生长期、工艺成熟期、过熟期三个时期。

2. 烟叶成熟过程中主要化学成分的变化

随着叶片的生长,烟叶内各种化学成分发生相应的变化,干物质、蛋白质和碳水化合物不断增加,其中最主要的是含氮化合物和碳水化合物。

烟叶中的含氮化合物对烟叶的感观评吸质量和吸烟者健康都有重要的影响,对烟叶品质有着密切关系,历来受到人们的关注。烟株在生长过程中含氮化合物和碳水化合物之间相互关联,以维持代谢平衡。与烟叶品质关系密切的有蛋白质和烟碱等。蛋白质是一切植物细胞原生质的基本组成部分,在幼嫩叶中形成能力比较强,随着烟叶的生长不断积累,临近成熟时含量最高。成熟时开始下降。如成熟时蛋白质含量仍较多,对烤干后的烟叶品质不利。烟叶着生部位不同,蛋白质含量不一样,一般上部叶片比中部叶高,中部叶比下部叶的含量高,这是由于上部叶片在生长过程中能夺取下部叶片的可溶性物质,包括一部分可溶性氮。烟碱是烟草特有的植物碱,也是含氮化合物之一。烟草种子一开始生根发芽,根里就会出现烟碱。随着烟叶的生长,烟碱含量不断增加,到烟叶工艺成熟时含量较高。烟碱的含量,随叶片在烟株上的着生部位增高而增加。叶绿素在烟叶旺盛生长时含量高,工艺成熟时有一部分分解,使叶片由绿变为黄绿。如氮肥施得过多,或追肥太晚,烟叶成熟时含氮量仍很高,叶片呈深绿色,一般称为"不退原""黑暴""老憨烟"。这种烟叶很难烘烤,烤后质量很差。

碳水化合物是光合作用最初生成的物质之一。烟草生长初期,光合作用生成的碳水化合物,大部分供给营养器官生长。当烟株生长发育到一定时期以后,营养器官已逐渐完备,使碳水化合物,尤其是淀粉的形成大大超过它的能量消耗。到接近成熟时,淀粉的含量达到最高,有时甚至占烟叶干物质量的

40%。虽然淀粉的存在对烟叶的吃味起着不良的影响,但淀粉在烘烤过程中大部分水解为糖,而糖中尤其是还原糖,能使吃味醇和。因此,采收烟叶时希望烟叶含有较多的淀粉量。如果烟叶工艺成熟时不采收,烟叶中的淀粉等物质将进一步分解,一部分被上部的烟叶夺取,使碳水化合物的含量降低。

此外,对烟叶香气起重要作用的是树脂和芳香油含量,其在成熟以前不断增加,成熟以后则下降。

烟叶在成熟过程中,叶内水分含量逐渐减少,烟叶干物质的吸湿性(吸收和保持水分的能力)逐渐降低,成熟时达到最低点。所以未成熟的烟叶因亲水性胶体含量较高,保持水分的能力强,调制后仍能大量吸收空气中的水分,而容易吸潮发霉变质。

成熟度与烟叶的叶色、光泽以及香味、吃味、燃烧性有关。适熟的烟叶身分重,叶脉所占比例小,碳水化合物、树脂、芳香油等物质含量高,烘烤质量好;烤后颜色黄净、色泽鲜明、外表褶皱、油分充足,烤干率和使用价值都较高。过熟叶调制后光泽转暗,片薄色淡,油分弹性差,叶肉不充实,烤干率降低,品质下降。未成熟的烟叶,因其含干物质尚少,水分较多,难于调制,易出青烟,烤后颜色不够纯净,油分少、弹性差、色泽弱、叶片紧密,有光滑感,烤干率最低,品质差。

从不同成熟度的烟叶内在质量看,成熟叶香气质量好、香气量尚足、杂气轻、余味舒适、劲头适中、刺激性较少、质量较好;其次是过熟叶,香气质尚好、香气量尚好、杂气轻、吃味舒适、劲头与刺激性小;最差的是未熟叶,香气量少、刺激性大、杂气重、余味涩。

3. 烟叶工艺成熟的外观特征

烟叶成熟时,由于内部化学成分的变化,在外观上也出现一些特征,根据这些特征,可以鉴别烟叶是否成熟。成熟烟叶的外观特征是:①叶色由绿变为黄绿,叶尖和靠近叶尖的叶缘开始变黄,较厚的叶片呈现黄斑,质量较好的叶表面还有凹凸不平的波纹状,并在凸出向上处略带黄白色,这是白色淀粉粒集聚的表现,这种现象在上部叶表现明显;②烟叶表面茸毛(腺毛)脱落,有光泽,似有胶体脂类物质显露,有黏手感觉,采收时手上易黏一层黑色物质,俗称"烟油";③主脉及叶尖部分的侧脉变得发亮,叶基部组织产生离层,采摘时硬脆易摘,断面平齐;④叶尖和叶缘下垂,茎叶角度增大。

烟叶成熟的外观特征,随着叶片着生的部位、土壤、气候、施肥等不同而有所差异,上述特征是一般规律。影响烟叶成熟特征的原因是多方面的,必须根据具体条件、具体情况全面考虑,准确掌握烟叶成熟度,适时采收。

有时由于种种原因烟叶不能正常成熟时,可采用乙烯利催熟。

(二)烟叶的采收

烟株上的烟叶通常是由下而上逐渐成熟的,采收烟叶必须分期进行。采收质量直接关系到烟叶的调制效果。只有适时采收才能获得最高产量和最好品质的烟叶。俗话说:"采叶是师傅,烘烤是徒弟,烟叶采不好,神仙也难烤。"为保证烘烤质量,要遵照"多熟多收、少熟少收、不熟不收"的原则,每次采收同炕的烟叶,要求尽量做到同一品种、同一部位、同一成熟度,才便于调制。

1. 采收与部位

着生在烟株不同部位的叶片,不仅成熟有先有后,而且成熟速度也有快有慢。脚叶,由于光照较差、湿度较大和营养物质不断向上输送等不利条件,叶片薄,组织松,水分多,膘性差,熟得快,当叶尖微变黄,茸毛刚退,即应采收。腰叶和下二棚叶的水分和厚度适中,生长均匀,须等叶色由绿变为黄绿,主脉乳白,叶尖变黄下垂,适熟时采收。上二棚和顶叶组织细密,叶片比较厚,水分少,叶面起皱,颜色不均,成熟较慢。要待叶片显现黄斑、叶尖叶缘下垂、叶尖及靠近叶尖的叶缘变黄、茸毛脱落、叶面光滑、主侧脉退绿变白,充分成熟时才能采收。

2. 采收与栽培条件

土壤、施肥、栽培技术等条件对烟叶成熟均有一定影响,是决定采收期的重要因素。烤烟栽在黏重、肥沃的土壤上,施肥过多,或追肥过迟,叶片宽大肥厚,粗筋暴叶,进入成熟期,叶色深绿,俗称"黑暴烟""老憨烟"。应等叶片稍微过熟时采收,或喷乙烯利促熟,否则烘烤时变黄困难,烤后叶片深暗,品质降低。若是栽培在瘠薄或沙质土壤上,施肥较少,种植密度较大的烟田,叶片较薄,叶面平滑,熟得快,当叶片由绿色均匀地变为黄绿色时采收,不宜拖延。

3. 采收与天气

天气干旱时,当叶尖变黄、主脉发白时就应采收。烟叶已成熟,大雨将临,应抢在雨前收。若未及时抢收,成熟的烟叶遇雨返青,应雨过转晴后几天,再次落黄时采收。

4. 采收叶数和次数

烤烟在现蕾打顶后，脚叶开始成熟。当前在生产上推广的少叶优质品种，一般留叶20片左右，从脚叶到顶叶成熟，需55~70 d。每次采收叶数和采收次数应根据具体情况而定，每株每次采收叶数应做到熟1片采1片。通常中下部叶片每次采收2~3片，上部叶每次采收3~4片，每7~10 d采收一次，共采收7~8次。

5. 采收时间

烟叶由于光合作用和呼吸作用的关系，叶中碳水化合物和干物质的含量是白天多，夜晚少，白天是下午多，上午少；因此下午采收的烟叶含水量少，干物质较多，调制时变黄快，可缩短烘烤时间，提高质量和品质。在生产上，由于目前多是手工操作，烟叶一般是早晨采收，以便做到当天绑烟、装炕、生火开烤。为了便于烘烤，在干旱天气应早晨带露水采烟，以利增湿变黄；多雨天气，应在叶片表面上的水分干后采收，以减少烟叶含水量，降低烤房内湿度。

6. 采收注意事项

采收烟叶的数量要与烤房装烟容量接近。采收前，要根据田间成熟情况和烤房容量，估算好采收数量，以免装炕时过挤或不足，影响烘烤质量。若烤房烟架层距较小，叶片较大，上下层烟叶需交错排放时，或叶片含水量较大时，应少采稀装。一般每株每次采收中下部2~3片叶或上部3~4片叶，每亩烟地采收的烟叶约可绑30竿。

采收下来的烟叶应避免阳光暴晒，暴晒可使烟叶失水过多，甚至将叶组织晒死，影响调制变黄，烤后成花青烟。堆放时防止烟叶堆积过厚，避免呼吸作用放出的热量难以排除，致使堆温升高"烧坏"烟叶。采收操作中要轻放，堆放整齐，装卸运输时要注意避免损伤叶片。

四、烤烟烘烤原理

从烟株上摘下来的成熟新鲜叶片，还含有85%左右的水分，其生命活动没有停止，呼吸作用仍在旺盛地进行，在烟叶开始变黄的12 h内，呼吸作用还呈现出明显上升的趋势。之后，随着叶片含水量的减少，才逐渐地降低。实质上，不管烟叶在烘烤中的变黄初期，还是在叶片成熟、衰老的过程中，由于叶片已经离开烟株体，人为地断绝了水分和养分的来源，烟叶由原来的正常代谢变成饥饿代谢过程。叶细胞的生命活动需要消耗能量,为了维持这一活动就必须分解转化烟叶在脱离烟株前贮存起来的有机物质。这个时期,需要保持较高的相对湿度,造成叶片一定程度的水分亏缺,有利于氧气进入叶内,加强酶作用的有机物质水解过程,使生化变化顺利进行,将复杂的化合物分解。

在叶内有机物质分解过程中,随着叶片含水量的减少,碳水化合物开始转化,淀粉和双糖在淀粉酶和转化酶等水解酶的作用下,分解为葡萄糖和果糖,使叶内可溶性糖大幅度增加。糖分一部分积累起来,一部分用于呼吸作用的消耗,靠着呼吸过程中释放的能量,来维持叶片代谢及其生物化学变化的进行。同时,随着叶片失水逐渐萎缩,气孔关闭,增强了还原条件,促进了蛋白酶的水解活动,使蛋白质分解。由于叶内叶绿素与蛋白质结合形成的复合体,随着蛋白质的分解,叶绿素失去蛋白质的保护而逐渐被破坏减少,绿色逐渐消失。在叶绿体中,叶绿素与黄色素(叶黄素和胡萝卜素)的比例大约是4:1,所以叶片显现绿色。此时由于叶绿素被破坏,含量减少,原先被掩盖的叶黄素和胡萝卜素显现出来,叶片外观由黄绿变成黄色。据研究资料,叶绿素在烘烤开始的30 h降解速度很快,35 h以后,降解速度极为缓慢。当叶绿素消失,叶片呈现鲜明的黄色,标志着烟叶变黄阶段的结束。外观特征的变化,是内部化学成分变化的反映。这时叶内淀粉的含量由原来的30%左右减少到5%,甚至更低。可溶性糖由5%增至20%左右,在烘烤的第2~3 d,糖含量可达顶点,如果变黄期延长,糖含量会由于呼吸作用的消耗而明显下降。蛋白质的分解量可达原含量的20%左右,使得烟叶品质充分变好。

在烟叶变黄阶段,水分的排除不宜过快,以免过早杀死叶细胞,阻碍生化过程的进行。这是因为,烟叶失水越快、越多,其内部物质的变化越趋于微弱;相反,在水分较多的情况下,气孔开放,叶内供氧充足,首先大量分解的是碳水化合物,而后才是蛋白质的缓慢分解。其结果是碳水化合物消耗过多,蛋白质分解很少,将导致叶片不发软而发硬变黄,难于定色,对烟叶的外观和内在品质均有不利影响。

在烟叶变黄期,纤维素和木质素没有被分解,半纤维素分解也很少,因此,在最后的干重中,这些物质的百分含量反而相对提高。烟碱在变黄期也有所减少,而且减少的量随着变黄时间的延长而增加。

在烘烤过程中,如果要具体知道这些物质的变化情况,需要经过化学分析测定,实际上不可能采用定期采样进行化学分析的方法来确定烘烤的进程,而只能从烟叶的外观特征变化来了解内部化学成分的分解转化情况。

根据人们吸食的要求,烤后呈青色或青黄色的烟叶,青杂气重,刺激性强,辛辣味大,香气差,吃味不良,品质不好。烟叶橘黄、金黄时,青杂气消退,香气足,吃味醇和,品质最优。当烟叶进一步由黄色变成黑褐色时,香气减少,吃味差,品质迅速降低,甚至失去吸食价值。烟叶变黄程度,成为内部物质变化的外在标志。当烟叶充分变黄,标志着鲜烟叶中对品质不利的成分已适当地分解,转化为对品质起良好作用的成分,也是烟叶的生化和物理变化达到最合适的时期。这时要升高温度(43~52℃)和逐渐降低相对湿度(70%~30%),使细胞在高温脱水条件下,停止生命活动,抑制酶的活性,终止生化反应的继续进行,防止有机物向不利于品质的方向转化和进一步消耗,以固定和保持烟叶在变黄期所得到的优良品质和色泽,这时称为定色期。在定色期,烟叶组织细胞逐渐死亡,细胞膜失去半渗透性,叶组织细胞的内含物质外渗到细胞间隙和叶表面,氧气自由出入,使烟叶内的多酚类化合物,如咖啡酸、绿原酸、绿原酸异构体、4-咖啡奎尼酸和5-咖啡奎尼酸、芸香苷等,在多酚氧化酶的作用下,氧化成一些棕褐色物质;还有一些自身为黄色的黄酮类物质,通过莽草酸能新生成一些多酚类物质,经氧化产生黑褐色的物质,使烟叶由黄色变为褐色,以至深褐色(核桃叶),烟叶品质向低劣方向发展。因此,定色期要及时升温,逐渐排除烟叶中的水分,控制这些氧化作用的进行。

变黄期结束后,定色是否及时,温湿度掌握是否适宜,对烟叶烘烤品质影响极大。升温过快,相对湿度小,定色处理过早,内部化学成分转化未达最适阶段,叶绿素没有来得及充分彻底地分解,烟叶即脱水干燥,烤出的烟叶常带青色。如果温度升高,相对湿度没有相应地降低,生化反应继续进行,很短时间内烟叶呈现杂色、褐色,甚至黑褐色,这就是常说的"棕色化反应"。这是由于叶片的水分要经由细胞内、胞间扩散到叶表面,再以表面蒸发的形式散失。而内部扩散的速度,远远低于表面蒸发的速度,故在烘烤中要求定色初期升温不能过急,以免造成叶面干燥而内部水分还有很多,不能及时排除,当烤房温度迅速升高时,就会发生强烈的棕色化反应,而将烟叶烤坏。据试验,棕色化反应的条件是:湿度较大时(相对湿度80%以上),温度低于44℃(干湿温差不于3℃)反应不明显,但随着温度升高(干湿差仍小于3℃),烟叶开始变褐。在54~56℃时(干湿差小于4℃,相对湿度在80%以上),只要6 min棕色化反应即可全部完成。如果把烟叶水分降至40%~50%时,再把温度升高钝化有关酶的活性,则可避免棕色化反应。棕色化反应主要在定色期间出现,在变黄阶段由于叶细胞还有生命,代谢过程仍在进行,这时多酚类物质和使其发生氧化的多酚氧化酶类各位于细胞内的一定区隔,两者不易接触,也就不能发生棕色化反应。即使接触,因活细胞中氧化还原反应还能维持一定的平衡,即多酚类物质不断氧化,同时也不断还原,使各类物质无法积累,也就不能缩合为黑褐色物质,因而在变黄期烟叶一般不会出现棕色化反应。

据试验资料,一旦烟叶颜色变褐,出现棕色化反应,叶片内多酚类物质含量减少了85%以上。棕色化反应往往发生在变黄期过长,或升温排湿定色太晚的情况下,这除了有良好的氧化条件外,同时也由于变黄期糖分消耗太多,由葡萄糖提供氢使酶的还原能力大大降低,导致各类物质积累,奠定了棕色化反应的物质基础。多酚氧化酶在棕色化反应中有着重要的作用。多酚氧化酶活性在变黄末期和定色初期还相当高。就温度的影响来看,在45~50 ℃多酚氧化酶最活跃,在55 ℃受抑制。因此在定色期及时升温和逐渐排湿,创造抑制多酚氧化酶活动的条件,是烤好烟的关键。

定色期结束,烟叶的组织细胞结构和生命代谢活动已被破坏,叶内的有机物质经过复杂的生理生化变化,淀粉酶、蛋白酶、多酚氧化酶等多种酶类虽仍保持一定的活性,但其活动已经停止。进入干筋期,主要是物理化学变化,可以采取较快的速度提高温度,降低相对湿度以排除主脉中的水分。这个时期,如果温度降低,排湿缓慢,主脉中的水分会向附近的叶组织浸润,使其变成褐色面成"洇片"。

烟叶烘烤经历变黄、定色、干筋三个时期,烟叶中的绝大部分水分已被排除。在干燥的烟叶中,不少酶仍有活性,但没有明显的活动。在烘烤后的堆放过程中,虽然在烟叶外观颜色、光泽和内部化学成分仍有一些变化,但调制后的烟叶品质已经不会再有较大改变。

据上所述,烟叶在正常烘烤过程中,发生着两个方面的变化。一方面是烟叶内部有机物质的转化和分解的生化变化,这是个酶促过程,从外观上表现为叶色由黄绿色变为黄色。这个生化变化的酶促过程,需要保持一定的叶组织温度、水分和生命活动。

另一方面是烟叶的水分蒸发消失,是个物理化学变化过程,烟叶的含水量由85%左右降低到8%~9%。水分的蒸发除了需要烟叶组织具有一定的温度外,还要求烟叶周围保持一定的相对湿度,创造一个水分蒸发的条件。

为了实现上述两个方面的变化,在变黄初期必须使叶片本身丧失一定量的水分而凋萎,有利于氧气进入叶片,维持叶细胞的生命活动,使酶的作用趋向于水解方向,促使叶内有机物质的转化和分解,使烟叶变黄,但又不能失水过快、过多,使叶片未变黄前干燥。这就需要创造较低的温度和较高的相对湿度。当对品质不利的淀粉大量分解转化为对品质有利的糖分,芳香类化合物产生和增加,蛋白质分解、含量下降,叶绿素降解,使叶片变黄达到要求,就应采取逐步提高温度、降低相对湿度的方法,迅速排除水分,加速叶片干燥,以抑制酶的活性,将烟叶的黄色和对品质有利的成分固定下来,并迅速升温将烟叶主脉烤干。

五、烤烟烘烤技术

(一)绑烟及装烟

绑烟是将烟叶一扣一扣(或称一束)地绑在烟竿上(有的烟区绑在绳上),以便悬挂于烤房内进行烘烤。绑烟和装炕是否合理直接影响着烟叶的烘烤质量。

1.绑烟

(1)绑烟的要求

绑烟的数量要根据叶片的大小和含水量高低来决定。叶大、叶片含水量高的宜稀,每扣两片,烟竿同边两扣之间距离5 cm左右,1.5 m长的烟竿,可绑50~60扣;叶小、叶片含水量少的可稍密,每扣3片,烟竿同边两扣之间距离4 cm左右,每竿绑60~65扣。每扣距离太宽降低了烟竿的利用率,同时也降低了烤房的利用率。距离太窄,叶间密度大,烘烤时烟叶水分不易排除。绑烟时叶片要堆放整齐,要求每扣烟叶叶背对叶背。这是因为烟叶在烘烤失水过程中,都是向叶面卷曲,爆叶"背靠背",每片烟叶都向外卷曲,以利水分的散发。如果叶面对叶背,在烘烤时,叶片失水后会卷曲在一起,卷在里面的烟叶,因水分排不出来,而变成褐色,两片烟叶贴在一起,都烤不好。绑烟时,烟竿两头要各留出约10 cm的空头,叶片基部要对齐,叶柄露出烟竿3.5 cm。对成熟度有差异的烟叶,要分别绑竿,以便装炕时挂放在不同的层架上,进行调整。

绑烟过程和绑好的烟叶,要放在晾棚里,防止太阳照射,以免烟叶失水凋萎、灼伤。绑好一批(50~60竿)就装炕,不要堆积过多,造成叶片损伤,影响烘烤质量。

（2）绑烟的方法

我国烟区多使用烟竿绑烟，烟竿是一根直径2～3 cm、长度由烤房两排烟架之间的宽度来决定的竹竿或木棍，每根烟竿配一根比其长2倍半的细麻绳。绑烟时，麻绳一端先固定地绑在距烟竿一头约10 cm的地方。一般绑烟方法有死扣绑烟法（又称猴吊颈）、活扣绑烟法（又称活络套）、梭线绑烟法等。

2. 装烟

装烟是将绑好的烟叶，按一定的距离，一竿一竿地摆放在烟架上，装烟是否合理也是烤好烟叶的一个不容忽视的环节。装烟数量要与烤房容量相适应，装烟稀密要根据烟叶大小、含水量、天气情况进行适当调整。装烟要注意同品种同部位同炕、装烟密度要合理、根据烟叶成熟度分类装烟、同层竿距均匀。

（二）烘烤工艺技术

烟叶的烘烤技术，在于根据烟叶烘烤特性，正确掌握烘烤中的生化变化和物理变化的基本规律，创造和运用最适宜的温湿度条件，促进或抑制酶的活性，加强或控制叶组织的代谢过程，促使烟叶变黄和内部成分向着有利于烟叶品质的方向发展，并将它固定下来，把烟叶烤好。

烘烤时期的划分：在生产实践中，根据烟叶的变化情况，把整个烘烤过程划分为变黄期、定色期和干筋期三个时期。

（1）变黄期

变黄期是烟叶生化变化最激烈的时期，可以看成是烟叶采收后在烤房中进行后熟的阶段。其目的在于创造较低的温度、较高的相对湿度，造成烟叶水分适当的亏缺，提高酶的活性，加强酶作用的水解方向，使叶内复杂的化合物分解、转化，烟叶颜色由黄绿变黄。

根据在不同温湿度条件下进行变黄试验：①高温（38～40 ℃）低湿（65%～70%）变黄较快，失水较多，变黄后期叶片变软；②低温（30～32 ℃）低湿（65%～70%）变黄速度一般；③先低温（30～32 ℃）高湿（95%～100%）变黄5～6成，再高温（38～40 ℃）低湿（65%～70%），其变黄较低温低湿稍慢；④高温（38～40 ℃）高湿（95%～100%）变黄较慢；⑤低温（30～32 ℃）高湿（95%～100%）变黄最慢，失水最少。

从评吸的结果看，大部分处理结果相近，在有差异的对比结果中，多数是低温条件下处理的烟叶质量更好。从以上处理的化学分析和评吸结果可以看出：在温湿度的上下限范围，烟叶都能正常变黄，并且烤后烟叶的外观质量相近，多数处理样品的内部质量也相近，其中以先低温高湿、后高温低湿的效果较好。从目前的生产技术水平和烤烟国家标准的品质因素要求来看，既要保证烟叶内在质量，又能提高商品等级，其变黄期的烘烤技术以先低温高湿、再高温低湿比较好。

在变黄期中，由于不同品种、不同部位、不同栽培水平的烟叶变黄速度不同，很难具体确定变黄所需的具体时间，也没有必要规定变黄的时间，而应以烟叶变黄程度达到人们的要求为止。当前要求低温慢变黄，以使烟叶的内在品质充分变好，根据具体情况，一般变黄时间需 2～3 d。

(2)定色期

定色期是烘烤的一个关键时期。定色期应逐渐停止烟叶细胞的生命活动，抑制酶的活性，固定已经形成的对烟叶品质有利的成分，从外观上看就是将已经变黄的烟叶的颜色固定下来。

根据大量烘烤实践经验，定色期湿球温度应掌握：

正常生长成熟的烟叶，定色期的湿球温度以保持在 37～39 ℃为适宜，一般下部叶 37 ℃，中部叶 38 ℃，上部叶 39 ℃。施氮肥过多、含水量高、贪青晚熟的特殊烟叶，湿球温度要适当降低到 36 ℃。这是因为烟叶还未烤干时，烟叶周围的空气处于不饱和状态，烟叶中所含水分就会蒸发，水分蒸发的结果，便使烟叶本身的温度下降，这种状况与湿球温度计温包上方包着的带水纱布蒸发水分时使湿球温度下降的状况相似。虽然湿球温度计所包的纱布上水分的蒸发完全属于表面蒸发，而烟叶水分的蒸发既有表面蒸发，又有内部扩散，并且随着烟叶的脱水，将由表面蒸发为主逐渐转变为内部扩散为主，但当烟叶中还含有一定水分时，与湿球温度计的状况相似，这时的湿球温度就近似地代表了烟叶的温度；所以，在烘烤过程的排湿阶段，包括变黄后期、定色期和干筋前期，稳定保持规定的湿球温度数值，就相当于稳定保持规定的烟叶温度，这是烤好烟叶的重要因素。

如果定色期湿球温度达到或超过 43 ℃，说明烤房内湿度过大，需要加大火力，开大天窗、地洞，加快排湿速度。否则，烟叶会在湿热空气中形成"蒸片"。在定色期中，相对湿度应稳步下降，即干湿球温度要逐步增大，如果湿球温度忽高忽低，将会使烟叶蒸发出来的水汽再凝结到叶片上，烤干后就成了"挂灰"。整个定色期随着温度的逐步上升,烤房内相对湿度应由65%左右下降到30%左右。

在定色期,稳定湿球温度是非常重要的,在湿球温度稳定的情况下,随着温度的升高,烤房内相对湿度逐步降低,就能使烟叶组织细胞的生化变化速度与烟叶水分的含量同步下降,抑制酶的活性,防止出现棕色化反应,固定住黄色,把烟烤好。国外就是应用稳定控制湿球温度的原理,实现了烟叶烘烤的自动控制。

(3)干筋期

这个时期主要是将烟叶的主脉烤干。1片烟叶主脉重量约为鲜烟叶重量的38%,主脉中的水分占全叶水分的41%,而干重仅占全叶干量的24%,烟叶主脉粗,含水量较多,表皮厚,水分不易蒸发出来,在烟叶变黄期和定色期失水速度较叶片慢,需要较高的温度才能把主脉烤干。

干筋期的温度,只能上升,不能下降,如果烤房内出现降温,会导致主脉正在汽化溢出的水分,渗入到主脉两侧正在干燥的叶片内,造成"洇片"。

干筋期的温度不能过高,一般不宜超过75 ℃,温度过高,如果又过早关闭了天窗、地洞,使烤房内尚剩的少量水汽凝结在温度较高的烟叶上,使叶片出现黄中带红的颜色,称为"烤红烟",造成烟叶品质下降。

干筋期的最高温度多控制在72 ℃左右,有的甚至达到75 ℃。但据日本加户清治等人研究,干筋期温度与烤后烟叶香气和吃味有一定关系,试验烟叶在50 ℃以前处理相同的情况下,当50 ℃叶片干燥时,即产生香味,但仍有残余的青生味,当温度上升到60 ℃时,青生味消失,香味变浓,升达67 ℃时香味稀疏起来。从升达67 ℃起,随着时间的延长,香味逐渐变淡,辣味和刺激性增强,15 h以后比7 h后的香气和吃味明显下降。为了防止烟叶香气和吃味在干筋期不致明显下降,必须在达到最高温度后,使主脉在10 h以内干燥。据上所述,从烟叶的香气和吃味角度来考虑,干筋期的最高温度以60 ℃最好,这与正常的烘烤方法相比,要延长烘烤时间,增加燃料消耗。当前,从既不使香气和吃味明显下降,又不使烘烤时间延长太多来考虑,干筋期每小时升温2~3 ℃,至62 ℃停留10 h左右再升到67 ℃,保持此温度将烟筋烤干。

干筋期的湿球温度:当烟叶定色期结束,大部分叶肉已干燥,为了迅速提高干球温度,将烟筋烤干,可适当提高湿球温度到41~42 ℃。干筋初期,主脉旁的少量叶肉尚未干,仍需继续排湿,湿球温度保持在40 ℃,当叶肉全干,湿球温度可升至41~42 ℃,不要超过43 ℃,直至烟叶烤干。

(三)烘烤方法

烟叶的烘烤过程,就是正确处理烟叶变化、烤房内的温湿度、天窗地洞开关的大小和火力大小之间的相互关系。在实际烘烤过程中,通常是借助于烘烤用的干湿球温度计显示的刻度,结合烟叶外观的变化情况,进行具体操作。

1. 一般烘烤方法

(1)变黄期

变黄期的任务是壅火、渥汗、吊黄,防止出现青烟和硬黄。要求用较低的温度和较高的湿度条件,提高酶的活性,使烟叶进行激烈的生化变化,从而使叶内的成分向着有利于品质的方向分解和转化,叶色由黄绿变黄。

(2)定色期

定色期的任务是追火、收张、定色,防止挂灰、蒸片和核桃叶。要求用较高的温度和较低的相对湿度使酶的活性减弱或停止,使叶细胞死亡,把对品质有利的成分和已经变黄的烟叶颜色固定下来,使烟叶收张、卷边、半卷筒。

(3)干筋期

干筋期的任务是大火、响壳、干骨,防止洇片和烤红烟。要求迅速升高温度,降低相对湿度,将主筋烤干。此时烤房内温度高,湿度低,烟中含水量少,已接近干燥,要随时注意检查火管,如有开裂、漏火现象,要及时修补,发现掉烟、掉管要迅速处理,防止发生火灾事故。

上述烟叶烘烤的三个时期,贵州烟农形象地概括为:壅火、渥汗、吊黄;开火、敞汗、蔫黄;追火、收张、定色;大火、响壳、干骨,阐明了在不同的烘烤阶段,烟叶的外观特征变化与烤房内温、湿度条件之间的关系,以及如何协调这些关系,满足烟叶变化的要求,把烟烤好。在烟叶的整个烘烤过程中,总的原则是"三看三定",即:看烟叶变化情况决定温、湿度,看温度高低决定烧火大小,看湿球温度高低或干湿球温差决定天窗地洞开关程度。至于烘烤各阶段所需时间应灵活掌握,以烟叶变化为准。烘烤人员要在掌握烟叶烘烤特性和烘烤工艺技术的基础上,善于识别烟叶在烘烤过程中的变化规律,按照烟叶的具体情况,熟练地运用烧火排湿技术,恰当地处理烟叶变化与温湿度之间的关系,不断创造良好的温湿度条件,适应烟叶变化的需要,才能把烟叶烤好。

2. 其他烘烤方法介绍

(1)低温高湿烘烤方法

这是来源于美国的烤烟烘烤工艺,核心是低温高湿慢变黄,主要变黄温度37～38 ℃,变黄期干湿球温度尽量保持平度,最多干湿球温差1～2 ℃,达不到要求,可在烤房地面浇水增加相对湿度。

(2)低温低湿烘烤方法

这是参照俄国的烘烤方法进行的。俄国的烘烤方法没有分变黄、定色、干筋期,而是分作六个阶段:①30～35 ℃,相对湿度75%～80%;②37～38 ℃,相对湿度65%～70%;③42～43 ℃,相对湿度45%～50%(以上三个阶段相当于变黄期);④45 ℃,保持45 ℃到叶片大部分干燥为止;⑤48～50 ℃,叶片全部干燥;⑥60～65 ℃,烟筋全部干燥。

(3)高温顿火烘烤方法

这种烘烤方法中的所谓"高温",是指在变黄期最高临界温度42 ℃以内的温度,所谓"顿火",就是在变黄期点火开始烘烤后,当温度达到一定时,就停火不再烧煤,利用紧密关闭门窗的烤房保温,使烟叶变黄。但在停火保温的过程中,由于室外温度低于烤房温度,尽管烤房密闭,烤房内的温度还是要逐渐下降,当下降至一定温度后,需要第二次烧火,使温度迅速升高后又停火,让烟叶在保温中继续变黄,这种顿火方法需要采用二次或三四次,要根据当时的气温、烤房门窗密闭情况,主要根据烟叶变黄程度是否达到要求来决定,只是每次升高的温度都要比前一次的温度高。

具体操作方法是:烤房装烟点火后,密闭天窗地洞,经4～5 h将温度升高到38 ℃,停火熄灭,封严炉门、灰坑,关闭火闸;当温度降至32 ℃时,再烧火升温,经3～4 h升到39 ℃,再停火熄灭,如封严炉门、灰坑,关闭火闸,让温度自然下降,若变黄达到要求,即可转入定色期,若变黄不够,如此再升温到40 ℃,停火熄灭,直至变黄达到要求为止。

采用这一方法时,变黄期密封天窗地洞是为了保温保湿,如果烤房内的相对湿度大,干湿球温差小于要求数值时,仍需适当开启。

(4)堆黄烘烤法

这种方法是利用烟叶在堆放过程中,叶片呼吸放出的热量和蒸发出来的水分,使堆内的温度和湿度增高,促进烟叶变黄。烟叶堆放的方法是:选用能遮阴、避免日晒雨淋的干爽泥土地,将烟叶的基部向下着地、叶尖向上斜竖着,一排一排地堆成宽1~1.5 m的长条形,两条烟堆之间留40~50 cm的走道,便于检查烟堆和运送烟叶;烟叶堆放时有一定的倾斜度,使烟堆外面的低温空气不易流入,烟堆内叶基部的温度不易散发,叶片各部分能均匀变黄,同时可使含水量较高的叶片排出的水分,流到地面,被及时吸收掉,不致造成烟堆湿度过大,所以不能用石板地、三合土地和水泥地等不吸水的地面堆烟。

一般在气温21~28 ℃的条件下,烟堆内的温度可保持在29~35 ℃范围内,与烟叶变黄的温度相近,不需要翻堆,堆黄过程需38~48 h,当大部分烟叶变黄七八成时即可绑竿烘烤。其中一部分烟叶由于采收成熟度不够一致或其他原因,变黄程度达不到要求,可在绑竿时挑出来继续再堆或绑竿后装放在烤房的上层烟架上。烟叶堆放后如烟堆温度过高,超过40 ℃,要进行散热降温处理。其方法是用手将烟叶前后左右摆动一下,不需要将烟叶拿起来重堆。检查烟堆时,如发现带病烟叶如青枯病、黑馒病,应立即剔除,以免影响其他好叶。在堆放过程中,还要防止堆黄过度,过黄的烟叶会在细小的枝叶上由黄白色变成细线状的褐色,并逐渐由叶尖向叶缘扩展,直至整张叶片烘烤后,成了带有褐色细纹的叶片或整片烟叶产生大块褐斑。

堆黄以后的烟叶,虽然变黄程度接近变黄期结束时的要求,但由于堆放过程中仅排出15%左右的水分,变软程度较差,烘烤开始时就需要迅速将温度升到40 ℃,并打开天窗、地洞排湿,同时将温度升至42 ℃,保持42 ℃使烟叶很快发软凋萎,再转入定色期,缓慢升温,控制湿球温度在38~39 ℃,之后按一般烘烤方法进行烘烤。

堆黄烘烤法比一般烘烤方法在烤房内烘烤的时间缩短了三分之一左右,提高了烤房的周转率,还可节约用煤量20%~30%。从各地的对比试验鉴定来看,烟叶的外观品质因素如颜色、光泽、油分、弹性、厚度等,基本没有区别,从烟叶的化学成分分析结果来看,也无明显差异。

如果有一套备用烟竿,可在绑竿后,一竿压一竿地呈"鱼鳞状"地放置于干泥土地面上,也可起到堆放变黄的作用,当烟叶变黄适度,下坑后即可装坑,按上述方法烘烤。

3. 非正常烟叶的烘烤方法

(1)含水量高的烟叶烘烤方法

长期阴雨天气条件下采摘的烟叶,叶片含水量在90%以上,要10 kg以上的鲜烟叶,才能烤出1 kg的干烟。这种含水量高的烟叶,叶片薄,干物质少,绑竿时扣距稀点,绑好后,先在室外挂晾2~4 h,蒸发一部分水分,装烟时,竿距适当稀些,以利水汽排出。开始烘烤时,关闭天窗、地洞,点火后3~5 h,快速将温度升到38~39 ℃,把天窗、地洞全部打开,使烟叶表面的附着水和一部分内含水分迅速排出。当温度升到32 ℃、干湿球温差2 ℃时,关闭天窗、地洞,关火,按一般烘烤方法的变黄期操作。若干湿球温差小于2 ℃,说明烟叶内水分过多,烤房内相对湿度大,仍按上述方法快速升温,快速排湿。使烟叶变黄达到五成时,烟叶充分变软。烟叶未变到七八成黄,温度不要超过42 ℃。定色期湿球温度保持在36~37 ℃,不宜过高。

(2)干旱天气条件下成熟的烟叶烘烤方法

在干旱天气条件下生长成熟的烟叶,叶片含水量低,烘烤这种烟叶,关键在于保湿、促进变黄。装坑后要将门及天窗地洞严密关闭,变黄初期干湿球温差在3 ℃以上时,还要在烤房内地面上洒水,增加湿度。由于这种烟叶在生长成熟期,遇到高温干旱,叶片厚,水分不易排出,变黄速度慢,变黄时间可适当延长,但变黄程度不可过大,转入定色期时,升温速度可慢些,使烟叶中不易排出的水分逐渐排出,尚未完全变黄的烟叶能继续变黄,并及时定色。

(四)烟叶没有烤好的原因分析

1. 青烟

青烟产生的主要原因是:①采收未成熟时,与正常成熟的烟叶同坑烘烤。由于青烟成熟度不够,变黄慢,烘烤中以成熟叶控制温湿度,未熟叶来不及变黄即烤成青烟;②烤房底层烟架高度不够,底层烟叶距火管太近,温度高,尚未变黄即脱水干燥成青烟;③烤房平面温度不均匀或装烟稀密不一致,温度高的地方,湿度小,烤成青烟;④变黄初期温度过高,叶绿素没有充分分解,即定色干燥;⑤烘烤时变黄不足,或天窗地洞过早打开,升温转火定色;⑥回青,多发生在较厚的叶片上,变黄期外表基本变黄,但深层叶绿素未被充分分解,定色初期升温过急,干燥太快,使烟叶烤后泛青,称为回青。

要针对青烟产生的原因,采取相应措施,尽量把青烟消灭在采收烘烤的环节中。据介绍,如果出现青烟,可将青烟经过二次烘烤变成黄烟。其方法是将青烟重新绑竿或装入布袋挂放在烟架上,放入的时间是变黄末期定色初期,与其他烟叶同烤,使青烟不同程度变黄。需要指出,青烟二次烘烤变黄,虽然外观质量略有提高,但只能作为一种补救措施,不能作为青烟提高烟叶烘烤质量的治本方法。

2. 蒸片

烟叶尚未烤干时看起来好像很厚,有胶粘状。烤干后呈现棕色以至黑褐色斑块,严重的遍及全叶,且油分缺乏,弹性很差,容易破碎,经回潮也不易变软,这样的烟叶称为"蒸片"或"烫伤"。产生蒸片的原因是定色升温过急,特别是定色前期升温过猛,排湿不良,使湿球温度达到45 ℃左右,烟叶在高温高湿条件下蒸熟了。因此,排湿不通畅的烤房容易出现蒸片。另外绑烟时,每束烟的叶片没有"背靠背",烟叶绑得太多、太挤,装烟过密,或烟叶挤在烟架上,使这些烟叶在烘烤过程中蒸发出来的水分停留在叶片的周围,无法排走也会造成蒸片。这种蒸片烟叶,品质很差,糖分含量大幅度下降,燃吸时,没有香气,刺激性严重。甚至发苦,蒸片严重的烟叶,基本上失去了烤烟应具有的色香味,没有使用价值。

3. 核桃叶

烟叶烤成黑褐色,像核桃树的枯焦落叶一样,称为核桃叶。烤成核桃叶的叶片很薄,品质极差。产生核桃叶的原因是烟叶变黄后没有及时升温、排湿、定色,使叶内干物质过分消耗,糖分以及叶黄素和胡萝卜素分解,多酚类物质被氧化产生了深色物质。因此,叶片薄、干物质含量少的烟叶(例如脚叶),定色不及时容易产生核桃叶。成熟过度的烟叶与正常成熟的烟叶同炕烘烤,由于过熟叶变黄快,变黄达要求时需要转入定色,而烤房内的温度低、湿度大,使这部分烟叶由于变黄过度烤成核桃叶。

4. 挂灰

烤后烟叶有点状、斑状或模糊不清的灰褐色,称为"挂灰"。轻度挂灰时,只是叶片正面分散为浅灰色小斑点;中度挂灰时小斑点聚积为灰褐色斑块,并能透过叶背面;严重挂灰时叶面斑块呈黑褐色。挂灰的烟叶含糖量减少,香气差而杂气和刺激性增加,品质下降。产生挂灰的原因是定色期烤房内的温度下降,湿度增加,烟叶周围的水汽便凝结在叶片上,烤干后,凡凝结过水汽的部分都会出现灰褐色斑点。此外,定色前期升温过急,叶内水分不能从气孔迅速排出,使水汽凝结于叶片表面也会造成挂灰。在夜间或秋后气温低,以及天气突然变化降温,而没有及时加大火力和控制天窗地洞,或因烘烤人员失职,没有按时添煤加火,都会使定色期的烤房温度下降而造成烟叶挂灰。

5. 洇片

烤后烟叶沿主脉两侧呈褐色,称为洇片。产生洇片的原因是干筋期烤房内的温度下降,使还未烤干的主脉中的水分渗透到已烤干的叶片上而形成的。

6. 烤红烟

烤后烟叶在靠叶尖和叶缘处、严重时全片叶成为黄红色、褐色或红中带褐色,称为烤红烟。烤红烟不但颜色不好,而且油分少,弹性差,易破碎,闻时有燥香气味,甚至出现焦糊气味。产生烤红烟的原因,一是干筋期温度过高,使叶片形成斑点状或斑块状烤红。据试验资料,烟叶烤红的临界温度为:中下部烟叶为$84.9 \sim 88.5$ ℃,上部烟叶为$75.6 \sim 79.4$ ℃,并且随着高温时间的延长,烤红的程度加深。二是干筋后期的温度过高,又过早地关闭了天窗、地洞,使烤房内相对湿度增大,还未排净的少量水汽凝结在高温的叶片上,使叶片变为红黄色。

7. 活筋

烘烤结束后,烟叶主脉没有完全烤干,称为活筋。活筋的烟叶在贮藏堆放过程中或打包以后,由于主脉中尚有水分,没有完全干燥,往往引起附近烟叶发霉,甚至腐烂。造成活筋的原因是停火太早,主脉干燥不彻底,此外,烤房平面温度不均匀,装烟稀密不一致,低温区烟筋干燥速度慢,烘烤结束后成活筋。因此,在停火前要注意检查,特别是检查温度较低的地方,例如烤房第三层烟架的四角,烟筋确已干燥,方能停火。在出炕解烟过程中,如发现尚有较多的烟叶主脉未干,应继续烘烤,若仅有少量的烟筋未干,应予剔除,重新置于正处在大火期的烤房中烤干。

六、烟叶烤后处理

烟叶烤干后,自烤房中卸下取出,称为下炕或出炕。然后经过回潮、解烟、堆放,完成烘烤的全过程。

(一)下炕、解烟

烟叶烤干停火后,其叶片含水量很低($3\% \sim 5\%$),极易破碎,必须经过吸湿回潮,使烟叶变软后才能下炕、解烟。常用的回潮方法有两种:一是在停火后,将烤房门、天窗、地洞全部打开,待烟叶稍软时,在黎明前或日落后,空气湿度较大,将烟竿取出,挂放在敞棚内的架子上或地上,无雨天气也可放在露天地上,借助傍晚或清晨的露水回潮,必要时可翻一次,使两面的烟叶回潮均匀。二是在下炕前1~2 d,将天窗、地洞、门全部打开,让烤房内外进行空气对流,使烟叶吸收室外进入的冷湿空气中的水分回潮、变软。这种依赖自然通风进行回潮的方法,需要较长的时间,影响烤房的利用。不论采用哪种方法回潮,都要注意回潮要适度,不能回潮过头,也不能水分太低吸湿不够,以烟叶水分含量14%~15%较为适宜。这时叶片压不破碎,主脉仍可折断,摇动时有沙沙响声,即可解烟。解烟时不要扯掉叶耳,保持叶片完整,并按烟叶的部位、颜色和好坏分别捆扎,同时将活筋烟、过潮烟叶剔除,回炕重烤。

（二）堆放

解下的烟叶打成捆后,经过一段时间的堆放,可使烟叶的外观和内在成分发生一定的变化。从外观看,青黄烟、青筋烟,经过堆放,青色会减退。黄烟堆放后,黄色加深,色泽得到改善。从内在品质看,变化显著的是蔗糖不断地转化为还原糖,青杂气和刺激性有所减轻,吃味比较醇和,香气比较好,质量进一步转好。

堆放烟叶时要注意以下几点:

第一,堆放初烤烟叶的房屋要清洁、干燥、避风、不漏雨。

第二,堆放的烟叶含水量以14%~15%为宜,最高不能超过16%。

第三,堆放时应叶尖向内,叶基向外,逐层堆放。

第四,烟堆应每周检查一次,保持堆内温度在37 ℃以下。

七、烤烟干湿球温度计的使用

烤烟干湿球温度计是烘烤过程中测定烤房内温度和湿度的必不可少的仪表。它是由2支0~100 ℃的温度计组成的。其中1支不包纱布的称为干球温度计,另1支温度计的温包上包有纱布,纱布的下端放进盛水的水管里,这支温度计称为湿球温度计。烤烟时烤房内的温度是由干球温度计测定的。相对湿度是根据干球温度和湿球温度差查表得出的。湿球温度的高低除与烤房内的干球温度有关外,还与烤房内的相对湿度有关。在一定温度下,烤房内的相对湿度为100%时,湿球纱布上的水分不蒸发,或者说水分蒸发的速度与从空气中吸收水分的速度相等,这时干湿球温度相等;如烤房内相对湿度低于100%,湿球纱布上的水分因蒸发而吸热,使湿球温度下降,这时它的温度就低于干球温度,纱布上的水分蒸发越快,也就是同一时间里蒸发水分越多时,吸热也越多,那么湿球温度下降的数值就比较大,干湿球温差也就大,这表明烤房内相对湿度比较低。纱布上水分蒸发的快慢,与周围的空气湿度、气流速度和大气压力等因素有关。相对湿度数值是根据同时测出的干、湿球温度和从专用表格中查出相应饱和水蒸气压力及当时的大气压力、测定点风速等数据,按一定公式计算出来的。在烘烤工艺技术中,采用干、湿球温度直接读数后,即可从相对湿度查对表中直接查出该温度下的相对湿度数值,无须进行复杂的计算。

在使用干湿温度计时要注意以下几点:

第一,干湿球温度计不能倒置。

第二,干湿球温度计要挂在烤房第二层烟架与观察窗木框上沿连接的铁丝上,能够来回滑动。

第三,水管必须经常保持有水。

第四,纱布必须经常保持清洁。

如果没有专门用于烤烟烘烤的干湿球温度计,也可以用2支一般水银温度计或"红液"温度计自行制作。

另外,目前用于烘烤的温湿度计还有一种是HK-1型黄烟初烤温湿仪,它的测温元件用导线与测温仪表相连,在装烟时把测温元件挂在需要测定的地方,就可以在烤房外随时观测该处的温湿度,使用方便,测温准确。

第二节 晒晾烟的生产调制

我国晒晾烟生产分布十分广泛。各地所产的晒晾烟,除品种和栽培技术不同外,晒晾技术的差别也很大,因而形成了具有地方特色的各种晒晾烟。晒晾技术主要是通过温度和湿度的调节,使烟叶经凋萎变色、定色、干筋三个时期,达到晒晾烟所特有的品质要求。

晒烟是烟叶采收后主要借助日光的热能,在室外经晒制而成。由于使用工具的不同,有索晒、折晒和掯晒的区分。因晒制方法上的差异,叶片晒制后有晒红烟和晒黄烟的区分。

（一）晒红烟

晒红烟有折晒红烟、索晒红烟和掯晒红烟三种。晒红烟色泽深褐,这与调制技术有关。由于调制过程缓慢,变色期较长,糖类物质大量减少,蛋白质损失不多,因而烟气刺激性很强,但吃味丰满、阴燃持火力强。

我国晒红烟品质较好的有四川什邡的毛烟、四川新都的柳烟、广东的鹤山烟、浙江的桐乡烟、江西广丰的紫老烟、山东沂水的坦埠绺子和贵州册亨的打宾烟等。

此处重点介绍一下索晒红烟。其晒晾方法是采用以晒为主、晒晾结合进行调制的。一般晴天晒、阴天晾,白天晒、夜间晾。这种晒晾方法是索晒红烟最重要的一个环节。烟叶在晒晾过程中,鲜叶内含物质在酶与外界温、湿度的作用下,发生复杂的生物化学变化。这种变化过程与自然气候变化密切相关,采取适宜的调制技术,才能晒晾出符合一定商品价值的烟叶。

索晒红烟的调制方法如下:

1. 打宾烟

打宾烟是指贵州省册亨县双江镇的索晒红烟。清朝时曾将新产烟叶进贡,被誉为贡品,驰名中外。

(1)品质特点

打宾烟顶叶叶形自然状,颜色棕红,组织尚细致。其抽吸质量经原轻工部烟草工业科学研究所评吸鉴定,香气充足,吃味较苦辣,杂气略重,刺激性很大。劲头强,颜色灰白,适用于亚雪茄型雪茄或混合型卷烟。其中龙作烟的顶叶香气很浓,香型适合卷烟需要,杂气少,烟碱含量很高。

(2)调制技术

第一,采收:顶叶期花斑,叶尖开始变为小米黄时即为成熟。采收时先带茎割下顶叶约5片(3~6片),中叶逐片茎割,约10片(包括下脚叶在内),以顶叶为上乘,用野藤编结成索,每索60~70把,顶叶每把3根茎,中叶每把8~9叶,一索长9~23 m。

第二,调制:以农户住宅靠后面半壁为泥地面或石板,前半壁为楼,楼前向外延伸搭设成晾台,是天然的家晒场所,在台上搭高1.67~2 m的木架,两边木架上套竹制的烟圈数个,从山上割回野藤编结成晒烟索。上索的烟叶,悬挂于源台晾架上,先把烟索靠拢2~3 d,待叶变黄,将烟索摊开放宽,晴天摊晾半月即可,晴天的夜晚也可吸收露水,雨天或大露水时,将烟索收集于楼檐下。

晒晾后解索。由中间割成两束,每束按26.4~29.7 cm,宽折成4~5叠,厚约9.9 cm,扎成一铺,每铺干重0.75~1.15 kg(顶叶者占0.25 kg,中叶者占0.35 kg),

外用晒干谷草打包,每五打成一大掘,两端各放两铺,中间夹一铺,捆好后放在干燥处贮放待售。新烟一般在9~10月上市,但隔年陈烟品质更好。

2. 摆金烟

摆金烟是指贵州省惠水县摆金镇索晒红烟,当地群众称为"叶子烟",是黔中地区有名的优质晒烟。

(1)品质特点

摆金烟属晒红烟类型。调制后的叶片皱缩,群众称为"起皱皮柑",是其区别于其他晒晾烟的外观标志。叶片正面颜色棕红到紫红,背面棕黄,光泽尚鲜明,油分较足而丰满,组织细致,单位叶面积重量高,一般每 cm² 重 7 mg 左右,最高可达 10 mg 以上。

摆金烟顶叶总糖含量在5%左右,含氮3%左右,蛋白质8%~10%(实测值),烟碱3.5%~5.7%,钾1.8%,氯0.2%~0.7%。

据四川什邡卷烟厂评吸鉴定,认为摆金烟叶的香气属雪茄型。其香气纯正,香气量足,吃味尚纯净。刺激性轻,劲头中等,燃烧性强。该厂认为,摆金烟除可卷制雪茄烟外,由于它的香气柔和力强,也可作为混合型卷烟的原料。

(2)调制技术

第一,采收:当地早烟一般在8月下旬收割,晚烟一般在9月中下旬收割。烟叶的成熟特征为:茎叶角度较大,叶尖下垂(当地称起钓鱼钩),叶面出现溃斑。

当中上部烟叶具备上述成熟特征时,即可收割。收割最好选雨后转晴的3~4 d进行,这样烟叶质量好,油分足。收割时先将烟株砍倒,在烟地晒蔫。晒到叶片失水变软不易破碎时运回,用力把烟叶带茎砍下,再用野藤编结成烟索,长5 m左右。

第二,晒制:烟叶上索后,把烟索堆放在室内,若烟叶含水量过大或遇水应立即挂在屋檐下,不能再在室内堆放。到次日早晨露水干后,把烟叶一索一索(群众称一浪一浪)地摊放在地面上,进行晒制。到中午11时左右,若阳光强烈,应将烟索重叠起来,但露出"烟脑壳"(即叶片上带的一截烟茎)。下午3时以后再摊开晒。在晒制过程中,要注意翻动,严防叶片灼伤。晚上把烟叶收入室内堆放,次日继续按以上方法晒制。烟叶有七成干时,可把所有烟叶收入室内堆积两三天后取出再晒。到叶片全干而叶柄未干时,可在室内堆放三四天后再拿到室外晒,直到全干为止。晒干的烟叶用稻草扎好,放在楼上,严防风吹日晒雨淋。

(二)晒黄烟

晒黄烟有淡色晒黄烟和深色晒黄烟之分。深色晒黄烟是淡色晒黄烟和晒红烟之间的一种中间类型。

"然仲烟"产于贵州省黔南布依族苗族自治州独山县基长镇。该产地位于贵州高原南部边缘,从北向南倾斜,与广西接壤,被誉为"烟辣之乡"。此地区狮然村,由于旧地名叫然仲,故地道的名烟称"然仲烟"。全县产烟以基长镇最多,其中又以然仲烟最负盛名。其烟叶色泽光润,油分、弹性、香味俱佳。

1. 品质特点

经评吸鉴定认为,独山县基长镇烟叶属亚雪茄香型。内在质量好,可用于混合型卷烟和雪茄型卷烟。

2. 调制方法

(1)调制设备

当地使用的烟架用木棒搭成,在烟棚的前后,每边伸长8~10 m,离地面高1.3~1.5 m。烟架小部分在棚内,其余大部分在露天。白天推出晒,绳与绳之间相隔1.5~1.8 cm,夜间推进以防雨露。烟棚有搭在住房山墙边的,有专门建在空地上的,一般二三个开间。每间宽3.1 m,深约3.1 m,棚檐离地1.5 m。

(2)采收

烟叶出现花斑,叶尖下钩时为适熟期。烟叶达适熟时,即可采收,其方法有两种:一种是烟叶成熟前,先收三四片脚叶不带拐,其吃味淡,叶片薄,可供烟瘾小的人使用;10 d后割顶叶,再隔三五天全部割完,最顶上三四片叶,劲头大,烟味浓,质量最好。但这种方法采用较少。另一种是用割烟小刀分段带茎割下烟叶,每段留3~4片叶,这种方法使用较普遍。

(3)晾晒

割完后随即以5 m长、用牛油擦过的红藤两根相绞,编时分级,三四片叶为一扣,编结七八十扣为一绳,编后约长4 m,编完后两端拴在已套于烟架上的竹制圈上,叫挂绳(当地叫浪)。一般1 000株可得30~40绳,每绳干重2.5~3 kg。晾晒6~7 d烟叶收缩,一般20 d左右绳下架。整索铺在田埂上,晒一二天,堆在地上,待叶子收干变红,即可贮放楼上,四周铺上稻草。

第三节 白肋烟的生产调制

一、白肋烟的成熟与采收

（一）成熟特征

白肋烟叶片成熟较为集中，其成熟的外观特征是：叶片由绿色变为黄绿色，并可见成熟斑；叶尖柔软发黄带勾下垂，叶缘下卷；主脉支脉白而发亮；茎叶角度增大；叶面光滑，茸毛减退，黏液减少，质地变脆，易从烟株上摘下。

除按上述烟叶成熟外观特征适时采收，还应根据烟叶着生部位和当时环境条件等具体情况灵活掌握，脚叶薄，宜采收得"嫩"些，顶叶较厚，应采收得"老"些。在采收季节后期，如遇气温降低，应及时采收，以便赶上晾制。

（二）采收方法

白肋烟的采收方法有三种：逐叶采摘法、整株砍收法和半整株采收法。

1. 逐叶采摘法

我国种植白肋烟的地区习惯于采用逐叶采摘法。掌握"生不采、熟不漏，自下而上，随熟随收"的原则。做到轻采、轻拿、轻放，不损伤茎叶，不沾泥土，叠放整齐；同时要边采、边收、边晾，不能让烟叶受强烈阳光暴晒，也不能堆放过久，以防烟叶发热捂坏。

2. 整株砍收法

根据白肋烟叶片成熟比较集中的特点，一些国家采用整株砍收法。采收脚叶后，当下部叶面全部呈黄色、上部叶有成熟黄斑块时，从离地面 6～10 cm 处将烟株割下。这种采收方法可以减少采收次数，便于机械收割，节省劳力。

3. 半整株采收法

将全株叶片分 3 次采收结束。下二棚叶采收 2 次，共 6～7 片，余下的叶片待到上二棚成熟、烟叶变为半透明状的白色、顶叶出现成熟斑时，距地面 6～10 cm 处斩株收获。

不论采用哪种采收方法，均应选择晴天进行，不采露水烟。一般上午 10 时以前及雨天均不宜采收烟叶。

二、晾制准备

（一）上绳

要求当天采收的烟叶,当天上绳。上绳通常有单叶上绳和双叶上绳两种。单叶上绳是每个绳扣内穿入一片烟叶,两叶相隔3 cm左右。双叶上绳是每扣两片叶,叶面相对,叶背向外。上绳要整齐,叶柄露绳1~2 cm,每绳上叶数应大致相等,并注意不要折断和包卷叶片。半整株和整株采收的在斩株前要把腋芽全部抹掉,用吊钩固定挂置在麻绳上或在烟茎上切口直接挂在铁丝上。

（二）晾挂

烟叶上绳后要及时晾挂,不要积压。要求上层烟绳距房顶100 cm,以防温度过高;下层叶尖离地面150 cm,避免受地面潮气影响,并使操作时不碰伤叶片。上下绳之间以不达叶为度。两绳之间距离20 cm左右。按晾房高度,悬排烟绳1~3层,层数不宜过多。较次的烟叶宜挂在两边,如挂3层,叶片大和较嫩的宜挂在上层,如只挂1层则要挂低些。

三、晾制

白肋烟在晾制过程中,可分为凋萎变黄期、定色期和干筋期,三个时期是相互联系的。

（一）变黄期

使叶片逐渐失水凋萎,绿色消退,黄色显现,直到全部叶片变成正黄色。这一阶段要求温度不要过高,湿度较高,使烟叶干燥速度不致过快,以利于进行变黄。如果干燥速度过快,使烟叶变成青色或青死斑。变黄期的适宜温度为30 ℃左右,相对湿度为75%~85%。变黄期需5~10 d。

（二）定色期

叶片全部变黄以后,随着烟叶水分的继续蒸发,烟叶颜色自叶尖沿叶缘向内进一步加深。这个时期要加强通风,迅速排出烟叶中的水分,降低晾房内的相对湿度,使叶片逐渐干燥,叶色由黄色逐渐变深,固定到深黄色。烟叶颜色的深浅程度,受空气的相对湿度影响较大。相对湿度高,烟叶黄色深,反之则浅。这时加强通风排湿,保持相对湿度接近70%,促使颜色基本固定下来,并且均匀一致。此阶段需7~10 d。

(三)干筋期

这个阶段叶内的生物化学变化基本完成,叶片已趋干燥,但主脉和侧脉还含有较多水分,需要较高的温度,较低的相对湿度,应加强通风排湿,促使主筋迅速干燥。如遇阴雨连绵天气,可紧闭门窗。防止室外湿气进入,或在室内生几个木炭小火炉,提高房内温度,适当通风降低湿度,防止烟叶霉烂。但要注意,木炭应先在室外烧红再放入晾房内,以免熏污烟叶,火炉上面盖旧铁锅或旧铁皮,使热量能均匀散发,并预防发生火灾。使相对湿度降低到45%,当烟叶主筋一折即断时,晾制可以结束。

据研究,白肋烟的香味在褐变时产生,并随褐变程度增加而增加,褐变后期,褐变达75%以上,是各种香吃味形成的重要时期,尤其在主脉干燥期中增加更显著。调制后继续吊挂,干叶的香吃味还能不断变好。

在晾制过程中,烟叶接触到的温湿度,常随外界气候条件和昼夜之间有较大的变化。但只要每天的平均温度和相对湿度与适宜条件相差不大,就能得到良好的调制效果。

四、晾制后的处理

(一)回潮下架

晾制后叶片完全干燥,水分含量较低,叶片容易破碎造成损失,需要进行回潮,回潮的方法是利用烟叶吸湿性强的特点,在下架前,于夜晚或清晨,将晾房门窗打开,让烟叶自然吸湿回潮,如果天气过于干燥,可在晾房地面洒少量水,以利回潮。当烟叶主筋仍能折断,叶片变软时即可下架。回潮不能过度,防止霉烂变质。

(二)堆积发酵

这是白肋烟调制后改善质量不可缺少的一个环节。烟叶通过堆积发酵,使原来微带青色的烟叶继续变黄,叶面色泽不一的可以变得较为均匀,并使颜色有所加深。可以减少青杂气,改善吃味,并有平衡水分的作用。

回潮下架的烟叶,一般先不解绳,把绳拉直或叠成适当的长度,整齐地平铺在地板上,随之取另一烟绳与它并排平铺。使烟叶叶尖相互朝里,叶柄向外,逐层整齐地堆成烟垛,垛高1.7 m左右为宜。烟垛要离开墙壁50 cm,避免烟叶受潮。烟垛的上下及四周要用草帘严密覆盖,垛上放一木板,并以重物压紧。此外,也可将烟叶下绳,按部位和品质用绳扎成把,叶尖朝里,围成1.7 m高的圆垛,分别堆积发酵,这样可使质量更趋一致。

　　用于堆积发酵的房屋,要求干燥清洁,适当通风,防止潮湿。堆积发酵时,烟叶水分在14%～16%比较合适,水分过低。烟叶发酵慢;水分过高,烟叶发酵激烈,颜色变深变暗,如处理不当,引起发烧霉烂变质。温度以30～35 ℃为宜,用手伸入烟垛中微感温热即可。在堆积发酵过程中,要经常检查垛内温度和烟叶变化情况,如有发热现象,应立即进行翻垛,将上层烟叶改放底层,底层烟叶改作中层,中层烟叶改放上层。码垛和翻垛均不宜在阴雨天气进行,并注意动作轻匀,以免弄碎烟叶。一般经过1～2次翻垛即可。

第四章 雪茄烟的生产分级

第一节 烤烟的生产分级

烤烟分级标准与"两烟"生产有着紧密联系,随着烟叶生产的不断发展,分级标准也逐渐完善。经过几十年的发展,我国现阶段实行烤烟标准42级制。

一、42级制国家烤烟标准的优点

第一,更加合理地分清了烟叶质量,按部位、颜色分组后,又以性质、用途进行分组,纯化了同一组内的烟叶质量,比较接近先进国家标准,适应了对外出口的需要。

第二,促进了三化生产水平的提高,解决了成熟度好,颜色偏深,光泽稍暗,有较多成熟斑,甚至有不同程度赤星病斑烟叶的问题。这部分烟叶的质量较高,放宽了对病斑和光泽的要求。

第三,便于分级操作,易于被烟农接受。烟农反映,听起来难,做起来易。组数,级数增多,级差缩小,便于掌握。

第四,级差小且合理,避免争级争价,确保收购秩序。

第五,在规范化种植水平提高的基础上,烟农收入明显提高。

二、烟叶质量

(一)烟叶质量概念

烟叶质量是指烟叶本身的色、香、味,与其物理性质、化学性质、使用价值以及安全性有密切关系,是个综合性概念。主要包括外观质量、内在质量和使用质量等。

(二)烟叶外观质量

烟叶外观质量是指人们感官可以感触和识别的烟叶外部特征,即人们常说的手摸、眼观、思想感。尽管发达国家在烟叶挑选上已经使用了电子分色仪,但是要最终判定烟叶的等级质量,当今世界各产烟国还是以感官和经验来识别和判定烟叶的等级质量。经常使用的烟叶外部特征有部位、颜色、成熟度、叶片结构、油分、身份、长度、残伤和破损等。这些特征与烟叶的质量有密切的关系,是烟叶质量划分的理论依据,也是烟叶分级检验研究的重要内容。一般认为优质烟叶的外观特征是:烟叶成熟度好,叶组织疏松,叶片厚薄适中,叶片厚度在 82~95 μm 范围内,颜色金黄、橘黄,油分足,光泽强,叶片长度 50~60 cm,弹性好,单叶质量 6~9 g。

(三)烟叶内在质量

烟叶的内在质量是指烟叶通过燃烧所产生烟气的特性。衡量烟气质量的因素很多,总的来说分为香气与吸味两项。香气包括香气质和香气量。吸味包括劲头、刺激性、浓度、余味等。衡量烟质的方法主要是感官评定,即所谓评吸鉴别。以仪器法代替感官评吸在世界上还没有成功的先例,因此评吸仍是鉴定烟质的可靠手段。

(四)客户质量

客户质量即不同的客户对烟叶所提出的不同的质量要求,又称使用质量。它是以烟叶的可用性为基础的。

烟制品的类型不同,每个类型的配方结构各异,因此,烟制品制造者多数是根据自己的要求,带着自我质量概念选购烟叶,有些用户并不要求全部品质因素都达到标准要求才购买,而是往往舍弃某些对他们来说并不重要的因素来换取更重要的因素。某些烟叶在特定的配方中可能具有最佳的可用性,但对另一种配方可能完全相反。这就是不同用户提出不同质量要求的原因。这和常说的"穿衣戴帽,各有所好","萝卜白菜,各有所爱"是一个道理。不同的国度,不同的地区,面对各种各样的消费要求,设计不同的配方结构,提出不同的原料质量要求是很自然的。

烟叶的可用性对用户来说比质量概念更具体、更有针对性,是用户购买烟叶的真正标准。烟叶的可用性主要是指其满足烟制品需求的程度而言,它在很大程度上影响质量概念的变化,并且在不同的时间、地点,用户有其特定的要求内容。

三、烤烟分组

所谓分组,即指依据烟叶着生部位、颜色以及其他和总体质量相关的主要特征,将同一类型内的烟叶进一步划分。

(一)分组的意义和原则

1. 分组的意义

分组定义明确表示,分组是依据烟叶的部位、颜色及其他和总体质量相关的主要特征将烟叶进一步划分。烟叶的部位、颜色及其他主要特征如杂色、带青、光滑等均同烟叶的质量有密切关系,不同特征的烟叶具有不同的质量特点,反之,同组的烟叶具有同样的主要特征;所以,同一组内的烟叶具有较为接近的质量(包括吸食质量、内在成分、物理性状、外观特征等)。由此可见,分组就具有便于进一步分级操作、便于工业加工、有利于雪茄烟工艺配方等意义。

2. 确定分组因素的原则

分组因素是烟叶的外观特征,其必须有相对应的内在质量特点,才能真正起到分组的作用。分组因素要具有相对的独特性。这一原则的含义是说,作为分组因素,要能使每组的烟叶都具有这一特点,而且这一特点是其他组的烟叶所不具备的,这样才可以使各个组之间易于区别,不至于混组。

总之,选择明显可见、易于识别和内在质量密切相关的烟叶外观特征,划分为不同组别,使每一组的烟叶具有主要的共同特征,并具有较为接近的内在质量,是确定分组因素的总体原则。

(二)组别划分

遵循分组的原则,为更有利于卷烟工业使用、有利于促进优质烟生产技术推广,也为了更好的体现以质论价的原则,本标准改变了以往我国烤烟标准中仅以部位和颜色简单分组的做法,制订了新的分组体系。这一分组体系不仅在部位和颜色分组方面更为细化,而且还另列了与烟叶质量关系密切的一些特殊组别,如:杂色叶组、微带青叶组、光滑叶组、完熟叶组。

本标准分组体系包括主组和副组两部分。主组是为那些生长发育正常,调制适当的烟叶而设置的,包容了正常条件下生产的大部分烟叶。主组的分组因素是部位和颜色。是依烟叶着生部位和基本色(黄色)深浅划分的。副组则主要是为区分那些因生长发育不良或采收不当或调制失误以及其他原因造成的低质量烟叶,正常生产条件下这类烟叶所占比例是有限的。

1. 主组划分

(1)部位分组

第一,部位分组的依据。烟叶是否应以部位分组,取决于不同部位的烟叶是否具有不同的内在质量,或不同部位的烟叶是否具有不同的外观特征。大量的资料和多年的实践均表明:不同部位的烟叶有着不同的外观特征,同时也具有不同的内在质量,而且这些外观特征与内在质量有着较为密切的关系,这种相关性还具有一定的规律。可以说这是烟草的主要特点之一,也正是以部位分组的理论依据。

第二,部位分组的必要性。部位分组的必要性即意义体现在两方面:卷烟工业的需要。不同部位的烟叶有着不同的吸食质量、不同的物理性状、不同的经济价值,部位分组保证了这些质量各异的烟叶能够相互区别,因而卷烟工业可针对各部位烟叶的特点加工、配方,以生产风格各异、受消费者欢迎的雪茄烟。从这一角度出发,烟叶十分有必要按部位分组。便于进一步分级操作。不同部位的烟叶具有明显不同的外观特征,而且烟草生产的规律也具有按部位采收、调制的特点,部位分组在操作过程中较为容易。部位分组后,每个组内的烟叶等级数大为减少,另外,确定等级的因素也相应减少,因此为进一步分级创造了有利条件。

第三,不同部位烟叶的质量规律。每一片烟叶都是一个单独的个体,即有着其区别于其他个体的特征。也有着和其他烟叶所共有的属性,是一个共性与个性的统一体。每个部位的烟叶也是如此,既有个性亦有共性,绝对地把烟叶区分为几个部位,寻找其绝对规律是不可能的。但是部位较为接近的烟叶,特点亦较近似,在正常情况下,其具有一定的规律性。所以,人为地把烟叶划分为几个部位,研究各部位的一般规律还是可行的。这里要讨论的部位与质量的规律,指的就是这种一般规律。

按烟叶在烟株上着生位置的不同,自下而上分为三部分,分别称为下部叶、中部叶(腰叶)、上部叶。

下部叶(包括脚叶、下二桶),烟叶比较薄,颜色浅淡,油分少,组织疏松,含糖量低,总氮及烟碱低于中部叶,不溶性氮(蛋白质)偏高,灰分与酸碱值(pH值)高于中部叶,品质值低,燃烧快,吸湿性差,填充力高,单位面积重量轻。含梗率高,劲头小,刺激性小,味平淡。

中部叶,烟叶厚薄适中,颜色多桔橘黄与正黄,光泽强,油分多,叶组织疏松,糖分及碳水化合物有利成分含量高,总氮、不溶性氮、其他挥发性碱、灰分等不利成分含量低,烟碱、酸碱值适中,品质值高,燃烧缓慢适中,吸食性高于下部叶与上部叶,填充力小,弹性好,单位面积重量、含梗率居中,劲头适中,味醇和。

上部叶(包括土二棚、顶叶),烟叶较厚,颜色偏深,油分低于中部叶,叶组织较密,糖分及碳水化合物比下部叶高,总氮显著增高,不溶性氮和其他挥发碱也高,灰分略高于中部,酸碱值低,品质值低于中部叶,燃烧慢,吸湿性比中部叶低,填充性居中,含梗率低,味浓劲大,刺激性也大。

第四,不同部位烟叶的外观特征。一般情况下不同部位烟叶的外观特征见表5-1。

表4-1 各部位烟叶外观特征

组别	部位特征				颜色
	脉相	叶形	叶面	厚度	
下部	较细	较宽圆	平坦	薄至稍薄	多柠檬黄色
中部	适中,遮盖至微露,叶尖处稍弯曲	宽至较宽,叶尖部较钝	皱缩	稍薄至中等	多橘黄色
上部	较粗到粗,较显露至突起	较宽至较窄,叶尖部较锐	稍皱折至平坦	中等至厚	多橘黄至红棕

需要注意的是,在特殊情况下,部位划分以脉相、叶形为依据。

不同部位烟叶外观特征的变化一般具有下述规律:部位由下至上,叶片厚度由薄趋厚。部位由下至上,叶片颜色由浅趋深。部位由下至上,叶片结构由筑松趋紧密。部位由下至上,叶脉由细趋粗。部位由下至上,叶形由宽圆趋窄。部位由下至上,叶尖由钝趋尖。

当然,由于地区、品种、栽培措施(特别是打顶措施)以及气候条件的影响,烟叶外观特征也会发生一些变化,但外观特征的规律和概念还是基本一致的。一个地区要真正掌握住部位外观特征的变化,还必须了解当地生产的实际情况,烟农应做到按部位采收,烘烤和堆放,并按部位分级,就自然地区分开部位。如果部位外观特征的几个因素相互间出现矛盾时,以脉相和叶形两因素,可作为区分部位的依据。

依据各部位烟叶的特点及工业需求,结合农业生产的可行性,本标准将部位划分为下部叶组、中部叶组(腰叶)和上部叶组三个组。

(2)颜色分组

烟叶颜色的深浅和烟叶内色素比例有关,而色素的存在和烟叶内含氮化合物有关,色素的分解伴随着烟叶内多种化学成分的分解;因而,颜色的差异则在很大程度上反映了烟叶内化学成分的变化。也就是说,颜色的差异反映着不同的烟叶内在质量,不同颜色的烟叶必然具有不同的内在质量特点。这也正是为什么要以颜色进行分组的原因。

如果以烟叶黄色的深浅划分叶色,则由浅至深大致包括如下变化档次:青(绿)、青黄、微青、柠檬黄、橘黄、浅红棕、红棕等。简单地讲,烟叶颜色与质量有着如下关系:颜色由浅至深,总糖含量逐渐降低;颜色由浅至深,烟碱含量逐渐增加;在青黄至柠檬黄区域内,随黄色加深香气质由差向好转化,柠檬黄时最佳;在柠檬黄至红棕区域内,随黄色变深香气质趋差;在青黄至橘黄区域内,随黄色加深香气量增加;在橘黄至红棕区域内,随颜色变深香气量有所下降;在青黄至橘黄区域内,随黄色加深,烟叶杂气减少,刺激性变小,浓度变大;在桔黄至红棕区域内,随颜色加深,杂气略增、刺激性变大,浓度也略增。

总之,从化学成分和吸食质量看,均以橘黄色烟叶为最佳,红棕色、柠檬黄色烟叶品质略下降,而青黄烟、青烟质量为最差。

结合生产实际的可分性,本标准将烟叶按基本色深浅划分为:柠檬黄色组、橘黄色组、红棕色组。柠檬黄色组包括正黄和淡黄。烟叶表面呈现纯正的黄色。桔黄色组包括深黄和金黄。烟叶表面以黄色为主,并呈现较明显红色。红棕色组包括橘红、浅红棕和红棕。烟叶表面呈现明显红棕色。需特别强调的是,红棕色是基本色,指的是正常生长、调制所形成的烟叶颜色,而那些因调制不当或其他原因造成的红色、棕色,如烤红、湖红等,是不能视为红棕色的。

(3)完熟叶组

完熟叶组:产生在上二棚以上位置(包括上二棚),烟叶达到高度的或充分的成熟,油分少,烟质(地)干燥,以手触摸有干燥感,叶面皱褶,颗粒多,有成熟的斑点,叶色深。这种烟叶闻起来有明显的发酵烟的香甜味。手摇时,可听到干燥的"嘶嘶"声。

这种烟叶一般数量不多,据知美国每年产量仅为总产量的0.3%~3%。在我国当前生产水平和采收不注重成熟变的情况下,完熟烟叶更少,甚至没有。所以本组只设2个级。

经部位和颜色二次分组,正组内共划分出下部柠檬黄色组、下部橘黄色组;中部柠檬黄色组、中部橘黄色组;上部柠檬黄色组、上部橘黄色组、上部红棕色组和完熟叶组等八个组。

2. 副组划分

(1)光滑叶组

光滑指烟叶组织平滑或僵硬。光滑产生的原因主要是由于光照不足,叶片生长不良、成熟度较差、叶细胞未能正常发育,导致叶细胞小,排列紧密、无孔度、内含淀粉类物质多。光滑的特征是表面平滑或僵硬、无颗粒、手触有似触塑料或硬质纸的感觉,喷水后不易吸收。任何光滑面积占全叶片20%以上(含20%)的烟叶均称为光滑叶。光滑叶归入光滑叶组定级。由于光照不足的原因,这类烟叶多产生于中下部叶,而上部叶因营养不良或成熟度不够也会产生光滑叶。

(2)杂色叶组

杂色指烟叶表面存在的非基本色颜色斑块(不包括青黄色)。杂色包括轻度阴筋、蒸片、局部挂灰、全叶受熏染、青痕较多、严重烤红、潮红、受蚜虫损害等。任何杂色面积占全叶片20%以上(含20%)的叶片均称为杂色叶。杂色叶归入杂色叶组定级。

本标准所称基本色,指烟叶的正常颜色,包括柠檬黄、橘黄、红棕三种。杂色叶依部位分为中下部杂色组和上部杂色组两个组。

(3)青黄烟组

由于青黄烟反映出烟叶内部生化反应未达到所期望的工艺要求,所以青黄烟被视为低质量的烟叶。

青黄烟在世界各烤烟生产国都属淘汰或严格控制的,因其吸食质量差而不受消费者欢迎。但从我国烤烟生产实际出发,考虑到生产技术和调制技术尚存在一定问题,目前生产中仍不可避免地产生部分青黄烟。为此,仍将这部分烟叶列为标准中正式等级,对其单独分组。以利工业有选择地利用,并充分体现以质论价的原则。

青黄色的定义:指黄色烟叶上含有任何可见的青色且不超过三成。这一定义规定了青黄烟的界限,下限为任何可见的青色,不论其含青程度多么微弱;上限为不超过三成(含三成),也就是说,或者是含青面积或者是含青程度不超过三成即视为青黄烟,超过三成者则视为不列级。

（4）微带青叶组

微带青叶组是从青黄烟组中进一步划分而来的叶组。青黄烟组中有部分烟叶其含青程度和面积均极微，而其他品质因素又尚好，这类烟叶的使用价值与青黄烟组中含青较高的烟叶相比差异较大。为体现以质论价、合理利用资源的原则，将该类烟叶划分开来，单列一组。

微带青叶的定义：指黄色烟叶上叶脉带青或叶片含微浮青面积在10%以内者，这个定义规定了微带青叶的允许范围：或者叶脉带青，或者叶片含微浮青面积在10%以内，二者不得同时并存，若叶脉带青和叶片含微浮青并存，则不属于微带青范畴。对叶片含微浮青10%以内的理解包含两层意思：含青程度为微浮青（比浮青程度更弱）；面积不超过10%。

上述为微带青的定义。需强调指出的是，并非所有的微带青叶均列入微带青组定级。只有既符合微带青定义，又符合微带青组相应品质规定的烟叶，才能在微带青组内定级。而那些含青状态符合微带青定义，但不具备相应品质的烟叶，则仍归入青黄烟组定级。

副组共有光滑叶组、中下部杂色组、上部杂色组、青黄叶组、微带青叶组等五个组。

现行烤烟国家标准共包括13个组别，其中主组8个，副组5个。

四、烤烟分级

分级是指将同一组内的烟叶按其质量优劣划分等级。

分级的目的是把不同质量的烟叶加以区分，使每个等级的烟叶具有相对一致的质量，以供卷烟工业选用。

（一）分级的意义及原则

1.分级的意义

烟叶是一种农产品，烟农所生产的烟叶有优有劣，质量不同。经过分级，使质量相对一致的烟叶列入同一等级，因此，分级就具有满足卷烟工业的需要、有利于合理利用资源、有利于贯彻以质论价、有利于促进烟叶生产等意义。

2.分级的原则

分级的原则应能体现分级的意义及目的。一般应符合以下原则：

第一，每个等级的质量容许度不可太宽，以符合卷烟工业的需要。

第二,各等级要有明显的外观特征、等级间易于区别,方便分级操作、有利工商交接。

第三,等级数目的设置要以科学为依据,以国情为出发点。

第四,分级因素的选择应符合外观特征与内在质量密切相关的原则,也就是"表里一致"的原则。

某一因素能否被确定为分级因素,取决于这一因素和内在质量是否密切相关。消费者追求的主要是烟叶的吸食质量和安全性,卷烟工业需要的则主要是吸食质量和经济特性,而目前情况下却只能通过外观特征来将烟叶分级,这意味着只有使用外观因素来衡量其内在品质。显然,只有那些已被人们认识并能被掌握的、与内在质量密切相关并具规律性的外观因素,才能被确定为分级因素。

(二)分级因素

通常我们将用以衡量烟叶等级的外观特征称为分级因素,也叫品级因素。分级因素包括品质因素和控制因素。品质因素指反映烟叶内在质量的外观因素。这些因素是烟叶本身所固有的特征,是衡量烟叶质量优劣的依据,分级标准按烟叶等级的高低规定不同的品质因素指标,要求该级别烟叶必须达到相应规定。控制因素指影响烟叶内在质量的外观因素。控制因素不是烟叶本身所固有的特征,而是因受某些外因影响而产生的。由于其存在导致了烟叶质量的下降,所以标准中对不同等级的烟叶予以不同比例的限制。这个限制是允许度,允许某等级存在某种比例的控制因素,但绝非必须存在一定比例。

常见的分级因素有成熟度、身份、油分、叶片结构、色度、长度、伤残允许度七项。

(三)分组分级代号

1. 组别代号

X——下部叶组;C——中部叶组;B——上部叶组;CX——中下部;H——完熟叶组;L——柠檬黄色组;F——橘黄色组;R——红棕色组;K——杂色叶组;S——光滑叶组;V——微带青叶组;GY——青黄叶组。

2. 级别代号

1——一级;2——二级;3——三级;4——四级。

3. 定级原则

烤烟的成熟度、叶片结构、身分、油分、色度、长度都达到某级规定时,残伤不超过某级允许度时,才定为某级。

这一原则表明:标准中对各级品质因素的规定都是最低档次要求,而控制因素规定的是最大允许度。只有当烟叶品质因素达到或超过某级的要求,而控制因素不超过该级允许度时,才可定为某级。

例:某上部柠檬黄叶,其品质因素依次为(成熟度)成熟、(叶片结构)尚疏松、(身分)中等、(油分)有、(色度)浓、(长度)42 cm。从油分、长度看,其达到B2L相应要求;从叶片结构、色度看,其超过B2L要求,已达到B1L的要求,但该烟叶只能定为B2L。原因很简单,其油分及长度只达到B2L的要求而未达到B1L的要求。可以这样认为:对某一等级而言,允许一个或多个因素高于要求,但不允许任何一个品质因素低于要求。

第二节 白肋烟的生产分级

白肋烟质量的好坏直接关系着雪茄烟制品的风格与质量优劣。当前,雪茄烟已向低焦油、安全混合型方向发展,我国雪茄烟制品结构也正朝这个方向进展。随着我国白肋烟产区的扩大,收购量的逐渐增加和外贸出口的发展,制定统一的、适应面广和科学合理的分级标准,对指导我国白肋烟生产方向,组织规范化生产,改进晾制技术,提高白肋烟质量,满足卷烟工业发展需要,扩大出口创汇有重要意义。

一、白肋烟国家标准特点

白肋烟国家标准(以下简称国标)采用部位分组,选用适当的品级因素定级的分级原则。根据烟叶着生部位,分中下部、上部两个组。根据叶片的成熟度、身份、叶片结构、叶面、颜色、光泽、长度、损伤度等外观品级条件划分级别。中下部6个级,上部5个级,1个末级,共12个级。

二、部位分组

部位指烟叶在植株上着生的位置。着生在不同部位的烟叶,它的外观特

征、内在质量、化学成分和物理性有明显的差异,使用价值也不同。从下、中、上部位烟叶质量状况看有如下质量规律:

下部叶(包括脚叶、下二棚):成熟度好,叶片薄,颜色浅黄至浅红黄,叶片结构疏松至松,烟碱、总氮、总挥发碱、蛋白质含量较低,填充性、吸料率高,燃烧性强,耐破度差,单位面积重量轻,含梗率居中,劲头适中,有刺激性,余味稍苦涩,风格不够明显,香气稍淡。可作混合型雪茄烟原料和烤烟型雪茄烟填充料。

中部叶:成熟,烟叶厚薄适中,叶片结构稍疏松,颜色多近红黄,光泽鲜明,烟碱、总挥发碱含量较高至高,总氮稍高,蛋白质含量较高。填充性、吸料率、燃烧性、单位面积重量居中,耐破度强,含梗率高,劲头大,刺激性较强烈,杂气微。余味纯净,香气浓,风格显著,质量佳。适作高档混合型和烤烟型雪茄烟原料,也可作雪茄烟外包皮叶。

上部叶(包括上二棚和顶叶):成熟至尚熟,叶片较厚,叶片结构稍密致密,颜色红黄至红棕,烟碱含量高,总氮、总挥发碱、蛋白质含量高,填充性、吸料率、燃烧性较差,耐破度居中,单位面积重量较重,含梗率低,劲头大,刺激性强烈,余味较苦辣,香气浓。是良好的混合型雪茄烟原料,亦可作雪茄烟芯叶原料。

关于部位的划分:部位在分级中的运用,以及如何区分部位。部位的运用基于三个条件,将部位归并为中下部和上部两个部位。定级时脚叶、顶叶另作限制。这样基本上可把不同性质烟叶分开,既简化部位又对原料的使用价值影响不大。

三、烟叶分级

烟叶按其不同性质分组后,下一步就是分级。分级是指在同一组内烟叶,按其质量好坏划分出不同的级别。如"国标"中下部分1~6级,上部分1~5级,1个末级,共12个等级。

(一)品质因素

"国标"采用了成熟度、身份、叶片结构、叶面、颜色、光泽六项品质因素,作为衡量等级质量好坏和划分等级的依据。白肋烟"国标"采用这些因素与烤烟大体上类似。特点是白肋烟属晾烟,理化性与烤烟有很大差异,并且质量要求也不同,品质因素没有油分,而规定了叶面因素。另外,损伤度包括杂色、残伤和破损。但是,为什么要选择上述六项品质因素? 这里先谈一下品质因素的选择原则问题:①积极采纳国际标准或先进国家技术标准指标;②与内在质量密切相关,差距规律明显;③容易识别,便于掌握;④适用面广,既具体又概括性强;⑤以最利因素,表达烟叶基本质量状况;⑥力求简化,避免重复。

在实验研究的基础上,根据上述原则,结合我国实际情况和品质因素的概念,分析采纳了国外先进国家技术标准指标,采纳了成熟度、身分、叶片结构、叶面、颜色、光泽六项品质因素,作为衡量烟叶好坏的依据。这样既便于分级检验,又便于出口贸易及国际交流,具有先进性。

(二)控制因素

控制因素指影响或损害烟叶外观品质的因素。为了稳定各等级烟叶质量,对控制因素中的一些因素,根据其对烟叶质量的影响程度分别加以区别对待,并予以一定限制,如损伤度。长度列为控制因素,对低于本级长度的烟叶,需加以限制,以保证该级基本质量水平。控制因素分长度、损伤度。

(三)等级说明

中下部叶组(C)本组包括腰叶、下二棚叶和脚叶。烟叶特征:叶形较宽,叶类较钝,叶脉较细至较粗、遮盖至微露。成熟度好,叶片结构稍疏松至松,颜色近红黄至浅黄。身分适中至薄,脚叶有地面损伤。

中下部一级(C_1)主要产于腰叶。成熟,稍疏松,平展,近红黄色或部分红黄。鲜明、透中,损伤度不超过5%,叶长不低于48 cm。

中下都二级(C_2)产于腰叶及下二棚叶。成熟,稍疏松,平展,近红黄色,或有少量浅红黄,尚鲜明,尚适中,损伤度不超过10%,叶长不低于46 cm。

中下都三级(C_3)产于下二棚叶及近腰叶。成熟至完熟,疏松,微皱,浅红黄色,稍暗,稍薄,损伤度不超过15%,叶长不低于40 cm。

中下部四级(C_4)产于下二棚。成熟至完熟,疏松,微皱,浅红黄色,或部分浅黄,较暗,较薄,损伤度不超过20%,叶长不低于36.5 cm。

中下部五级(C_5)主要产于脚叶,少量二棚叶。成熟至尚熟,松,皱,浅黄色,较暗,薄,损伤度不超过25%,叶长不低于30 cm。

中下部六级(C_6)产于脚叶。成熟至尚熟,松,皱,没黄色,暗,薄,损伤度不超过30%,叶长不低于25 cm。

上部叶组(B)本组包括上二棚和顶叶。烟叶特征:叶形较窄,叶尖较锐,叶脉粗而显露,叶片结构稍疏松至密,颜色红黄至红,身份稍厚至厚。

上部一级(B_1)产于上二棚。成熟,稍疏松,平展,红黄色或部分近红黄,尚鲜明,稍厚,损伤度不超过10%,叶长不低于45 cm。

上部二级(B_2)产于上二棚或接近上二棚烟叶。成熟,稍密,微皱,红黄色或少部分红棕,稍暗,较厚,损伤度不超过15%,叶长不低于40 cm。

上部三级(B_3)产于上二棚及顶叶。成熟至尚熟,稍密,微皱,红棕色,较暗,较厚,损伤度不超过20%,叶长不低于35 cm。

上部四级(B_4)主要产于顶叶。成熟至尚熟,密,皱,红棕色,暗,厚,损伤度不超过25%,叶长不低于30 cm。

上部五级(B_5)产于顶叶。成熟至尚熟,密,皱缩,红棕色,暗,厚,损伤度不超过30%,叶长不低于25 cm。

末级(N)质量低于上部及中下部叶组最低等级的烟叶定为该级。叶片薄至厚,损伤度不超过40%,长度不低于25 cm。

（四）评吸原则

"国标"规定白肋烟的成熟度、身分、叶片结构、叶面、颜色、光泽都达到某级时,才定为某级。长度、损伤度为控制指标,按规定执行。必须做到:①正确贯彻国家的技术经济政策,兼顾国家、烟农利益,正确贯彻优质优价政策;②全面理解,正确贯彻白肋烟国家标准;③以分级标准为依据,辅以实物样品,衡量每个等级的品质指标和控制指标达到规定标准的程度。

（五）几种烟叶的处理原则

第一,晒制或烤制的白肋烟叶不符合本标准,拒收购。

第二,中五、上四以下等级允许微带青面积不超过10%。末级允许微带青,含青程度在二成以内或面积不超过30%。

第三,熄火烟叶(指阴燃持续时间少于2 s者),凡熄火者超过15%者,不予收购。

第四,活筋、湿筋和水分超过规定的烟叶,必须重新晾干后再出售,不得以扣除水分的办法收购。

第五,糖枯、黑糟、烟梢、烟苗、烟杈、霉变(因霉变质)等无使用价值的烟叶,以及烟梃、碎烟和微带青面积超过30%的烟叶一律不得收购。

第六,脚时在中五以下定级、顶叶上三以下定级。

第七,凡属采用农药如滴滴涕、六六六、1605、1059等污染的烟叶,严禁收购。

四、规格

(一)水分

收购水分15%～18%;三、四季度水分为15%～17%;复烤烟水分11%～13%。烟叶含水量的检验:按照《烤烟检验方法》(GB 2636—86)进行检验。

(二)砂土率

原烟:中一至中四、一至上三级不超过1%;中五不超过1.5%;中六、末级不超过2%;3上四、上五不超过1%。

复烤烟:不超过1%。

(三)纯度允差

纯度允差是指混级的允许度。烟叶是农产品,分级还限于感官的方法,广大烟农在分级的过程中也不可能百分之百的准确,必然会出现一定程度的混高、混低现象。因此,纯度允差的规定是基于这一客观情况的,根据等级高低分别规定为:

上等烟:(中一、中二、上一)10%。

中等烟:(中三、中四、上二、上三)15%。

下低等烟:20%。

(四)扎把

现阶段多采用散装烟叶,以便于打叶复烤,或原烟实行抽梗。我国目前大多数仍实行烟叶扎把,复烤。为了不使烟叶因平摊相互黏附,采用了自然把。鉴于我国目前大多还是扎把烟,就应按扎把规格要求进行扎把。现在有些烟区对扎把重视不够,一把烟少的只有几片,多的则有百多片,扎把的烟叶不是同等级烟叶,直接影响烟叶的复烤质量。为了兼顾大小叶数量不一的烟区,我国"国标"未规定每把烟数,而是以把周长(100～120 mm)来限制烟叶数,以利复烤加工。"国标"另外还规定了扎把材料须用间级白肋烟叶。"烟绕"宽度30～50 mm,烟把必须扎牢,把头露出部分不得超过100 mm。不可将把头顶端包住。烟把内不得有秸皮、烟杈、烟苗、烟芽、碎片、短梗和其他掺假物。

有关标准样品的制定和执行及包装、标志、运输、保管和烤烟规定类似。

第三节 晒烟的生产分级

我国的晒烟分布广,种植分散,栽培技术措施和调制方法多种多样,形成了多种类型的晒烟。目前我国晒烟还没有统一的国家分级标准。1952年前后虽制定了全国的晒黄烟与晒红烟标准,但未能统一,只在各地制定地方性标准时,起着参考作用。而各地现行的晒烟标准均属地方性标准,使用范围局限性较大,目前标准形成多种多样,内容各不相同,分级术语也不统一,品质因素的运用有简有繁,等级数目一般为5~6个级,多的如浙江桐乡晒红烟标准有12个级,少的如山东晒烟标准只分3个级。从总的类型来看,这些标准可分3种:晒黄烟分级标准;晒红烟分级标准;晒红、晒黄烟分级标准。尽管有些不合理、不完善的地方,但它来自于群众生产实践经验的总结,对烟叶的生产、收购、加工起了一定作用。随着工农业生产的迅速发展,目前正在不断完善晒烟国家标准。

一、分级因素

上述三种类型的晒烟标准,划分等级的因素和档次,与烤烟的分级原理是基本一致的,即按部位、颜色及若干因素来区分等级。

一般地说,晒烟施用肥料足、打顶低、留叶少,依据生产使用要求和当地习惯,采用不同方法调制出不同色泽的烟叶。调制后的烟叶,叶片厚、油分足、色偏深。

二、分级方法

晒烟调制有折晒、索晒等方式,以主筋晒干为度,即可进行回潮下架。并行解杆或下绳、下折,放在干燥通风的屋里堆放(也有带绳堆积)。上下铺盖稻草,并翻堆1~3次,让其自然发酵均匀,水分散失适度。

晒烟多根据调制方法上的差异,实行平摊把或自然把,也有散装的如四川什邡、广汉等地,要求作"三分"即分品质、分部位、分长短,烟叶头尾整齐,内外一致,把子大小均匀,全部使用棕叶扎把。把的大小各地亦有差异,大的烟把重1 kg左右,小的烟把重0.5 kg左右。扎把规格质量不断改进提高,革掉烟叶基部带拐子或烟秸皮的习惯,避免浪费运输工具和劳动。分级扎把结束后,应按级打捆堆放,标明级别,以待出售。

第五章 雪茄烟的预制技术

第一节 雪茄烟的回潮技术

一、烟叶回潮的作用

烟叶回潮是制丝工艺过程中的第一道工序。回潮的效果直接影响到制丝的质量及原料的消耗。因此它是制丝工艺流程中的一个重要环节。

烟叶回潮是在回潮设备中,使用必需的蒸汽和水,利用烟叶吸湿性,使烟叶增加水分,提高温度,增加韧性,从而在加工过程中经受住打裂而不至于造成过多的原料损耗,并达到除杂的目的。回潮后的烟叶,由于松散易于全配方的各种烟叶及各类半成品的均匀掺兑和配比,能保证成批生产的雪茄烟无明显内在质量的差异。

二、真空回潮设备

真空回潮机具有以下的特点:真空系统都用水环式真空泵和一级蒸汽喷射泵串联,先用水环式真空泵抽空到0.75 Pa左右的真空度,再用一级蒸汽喷射泵经表面式列管冷却器,把蒸汽冷凝;不凝缩气体,由水环式真空泵排除;筒体都是方箱式的,用不锈钢或低碳钢制成;由微机控制,贮入多种操作程序,可根据回潮烟包的情况选定程序;采用蒸汽和水混合产生湿饱和蒸汽进行回潮。

（一）HT-VAC型真空回潮机

该机是引进的英国DICKINSON公司的产品。该真空回潮机的工艺流程能满足年产20万箱生产量的要求,回潮质量能达到生产高档烟雪茄烟的工艺标准。回潮温度低,回潮烟叶品质较YG18好,能源消耗略高于YG18型。

基本参数:回潮工艺为程序双循环回潮周期27 min;装机容量1 500 kg(30包),台时产量3 000 kg/h,最高真空度99.4%(99 750 Pa);蒸汽破空3 Pa;回透率＞99%,递增水分4%～6%,蒸汽压力8 kg/cm²;蒸汽最大流量100 kg/h,回潮

800 kg/h;装机功率47 kW。

(二)HALLNI公司的真空回潮机

1. 生产过程

整包(桶装烟拆除包皮)进料→封闭箱门→抽真空→喷汽水→破空→回潮周期重复一次→放空出包。采用全程序控制。

2. 主要技术参数

生产能力1 000~5 000 kg/h,设备容积500~2 500 kg/次,真空度99%~99.5%,增加水分3%~4%,烟叶温度60~70 ℃,蒸汽压力980 665 Pa,耗汽量140~480 kg/h,耗水量7 m³/h。

第二节　雪茄烟的去梗技术

去梗生产线是指从平分切尖开始到烟梗与叶片分离为止的一部分加工工序。除了辅助的连接设备外,包括的主机有:切尖机、除杂系统、润叶机、立式打叶机。其目的是将一定配比的烟叶,经过这些设备的加工处理,满足工艺要求,做到烟梗与叶片分离,为叶片烟梗分别加工作好准备。

一、雪茄烟去梗工艺

20世纪60年代以前,全国各烟厂普遍使用抽梗机去梗方法。尽管它操作简单,加工质量稳定,但劳动强度大。效率低,已不适应扩大生产的要求,逐步被淘汰。近代烟草工业普遍采用的是打叶去梗方法。据国外有关资料报道,有些国家在烟叶原料产地设立打叶复烤工艺,直接供给烟厂叶片,简化了制丝工艺过程,这也是我国烟草工业的方向。国内烟厂采用的打叶工艺有全配方混合打叶和单品种打叶。打叶方法可分全打叶、切尖打叶、切基打叶三种。

(一)去梗工艺过程

1. 配叶

经过回潮后的烟包,拆去包皮,按使用品种和配比,送到平分,按照规定方向做到摆把一致,并捡出霉叶和杂物。

2. 切尖

叶尖脉细,对增加烟丝的含杂影响不大,保留叶尖完整不碎,可增加烟丝的百分含量,故采用切尖措施。切尖的长度应根据叶把的长短及烟梗粗细来决定。根据检验标准,叶中梗的直径不超过1.5 mm的不作为叶中含梗计算。因此,一般切尖标准规定:叶长在350 mm以下,可按1/2比例切尖,叶把短小,可以不切,直接作解把处理,超过350 mm长的烟叶,以1/3的比例切尖。在执行中要注意烟丝整碎及含杂情况,严格控制切尖长度,以保证打叶质量。

3. 破把

切尖后的叶基,因为把头扎紧,不易回潮润透,因此,必须破把,减少打叶造碎。破把的办法,有的使用破把机,利用框栏和旋转打辊之间的相对运动,将把破开。近年来,切尖破把机的出现,使烟叶经过切尖后,可以直接在破把轮的挤切下,把捆把烟梗切断,达到破把的目的。

4. 除杂

除杂是指把碎叶中的石头、铁块等杂物,利用风选的方法,把杂物除掉;同时把烟中含梗叶片与碎叶按不同的比重及漂浮力,在风分器的作用下分开,这样减少了烟丝中的杂物,提高了烟丝纯度。另外,在风选中,把尘土吸走,除掉杂物,也减少了打叶机部件的损坏。

5. 润叶基

根据国内使用的真空回潮机的回潮能力,烟叶回潮能提高2%～4%水分。回潮后的烟叶,经过配比、切尖和输送,叶基水分要减少1%～2%,即烟叶回潮后的水分一般在18%时,减少后只有16%,已不适合打叶要求。因此,需要再回潮、加温、加水,使叶基柔软,以提高打叶质量,减少损耗。

在同一水分条件下,烟叶温度为40 ℃时比25 ℃时的造碎率减少一半以上;如果温度相同,叶基水分不同,在一定范围内,烟叶的破碎率和水分多少有关。烟叶的部位不同,破碎率也不同,一般中部烟叶破碎最少,上部烟次之,下部烟最多。

6. 打叶去梗

打叶去梗的工作原理是根据叶基回潮后,叶内的韧性增强,在叶片与烟梗连接处强度相对较低的情况下,利用适当的外力,使烟叶在强度较低的部位裂开,造成叶片与烟梗分离的效果。

均匀的叶基进入打叶框栏后,由于风的吸力,使叶基吸附在框栏的棱刃上,当打辊快速旋转时,靠打钉对叶基的冲击力及叶基在框栏上的摩擦力,使叶片从梗上撕裂下来,而后叶被风力带走,送到下料器。烟梗经过拔料出梗器,经风力送到下道工序。

二、切尖机

目前各烟厂使用的切尖设备,大部分是自制或仿制的切尖机。虽然结构尺寸不同,但作用和工作原理是大致一样的。

(一)仿英国HAMBRO公司的双路切尖破把机

该机主要由机头和平分台组成。机头又包括压链、切尖刀、破把辊和传动系统。烟叶从两边摆把,两套切尖破把机构同时工作。

1. 主要技术参数

生产能力(双路)5 000 kg/h,输送带速度12 m/min;输送带宽度:中间360 mm;两边410 mm;送料台尺寸:长10 m,宽1.37 m,高1 m;切尖刀直径305 mm,切尖刀厚度7.2 mm;配合孔直径44.45 mm或45 mm;解把滚筒直径338 mm;解把滚筒长度410 mm;解把刀片数48把,电机功率2.2 kW,电机转数1 420 r/min;机器净重3.8 t。

2. 有关计算

输送带滚子转数 n_1:

$$n_1 = \frac{1420}{2} \times \frac{19}{21} \times \frac{21}{21} = 21.14 (\text{r/min})$$

输送带的线速度 V_1:

$$V_1 = \pi D n_1 = 3.14 \times 179.5 \times 21.14 = 11.92 (\text{m/min})$$

切尖刀转数 n_2:

$$n_2 = n_1 \times \frac{21}{30} = 21.14 \times \frac{21}{30} = 14.8 (\text{r/min})$$

切尖刀的线速度 V_2:

$$V_2 = \pi D n_2 = 3.14 \times 305 \times 14.8 = 14.18 (\text{m/min})$$

解把滚转数 n_3:

$$n_3 = n_2 \times \frac{30}{21} \times \frac{150}{15} \times \frac{21}{38} = 11.68 (\text{r/min})$$

解把滚线速度 V_3:

$$V_3 = \pi D n_3 = 3.14 \times 338 \times 11.68 = 12.4(\text{m/min})$$

压烟把链条转数 n_4：

$$n_4 = n_2 \times \frac{30}{21} = 14.18 \times \frac{30}{21} = 21.1(\text{r/min})$$

3. 切尖刀的调整

上下切尖刀要按照规定的要求尺寸,调节好重叠量及刀间间隙,不然会影响切尖和发生夹刀现象。一般说来,锉刀量是 5 ± 1(mm);刀间隙在 $0.07 \sim 0.13$ mm,不得大于 0.13 mm。

4. 磨刀及保养

双路切尖破把机结构简单,维修量较小。正常的情况下,注意刀的使用,防止夹在烟叶中的硬物把刀碰坏,一般每工作 200 h 要磨刀一次。磨刀可使用专用夹具,在 M131W 内外圆磨床上进行,或者使用专用磨刀机。当使用 M131W 磨床时,可把床头调 90°,然后按照刀的角度,调转磨头,即可加工。

切尖机齿轮箱加注 20 号机油,轴承处每星期加注黄油一次,各传动链条(3/4in)(1 in=2.54 cm)每星期加注少量 50 号机油,压链条($1\frac{1}{2}$in)不允许加油。

（二）QUESTER 切尖破把机

联邦德国 QUESTER 公司生产的 XTA 型切尖破把机是具有单切、单破、切破联合及单双面工作的多种形式的设备。

1. 主要结构及技术要求

QUESTER 切尖破把机主要结构包括喂料台和破把器。技术要求如下:

第一,喂料台的长度:根据产量和破把机的形式而定。

第二,破把器、切尖或分切刀:前机头宽度 650 mm、1 300 mm。

第三,到出料端滚子的尺寸:可根据连接的每条皮带情况分别进行选择。

第四,皮带宽度:要根据把长和切尖量而定。

第五,皮带传动:电机功率依皮带的宽、长和数量而定。

QUESTER 切尖破把机,从技术性能上看,适合于各类型烟叶的加工要求。

（3）切尖或分切刀

切尖或分切靠一把或多把圆形刀来完成,每套都由上刀和下刀组成。上刀是靠弹簧压紧的碟形刀,下刀是平刀。每把刀分别由电机驱动。为了有效得将烟把平整切开,上下刀速较高,达到 76 r/min;下刀达到 47 r/min。当力切割 100 t 烟叶以上时,就要磨刀一次。

(4)压链轮

在切尖过程中,为了压紧松散的烟叶和小把,在设备中安装一条或几条惰性链条。这些链条分别靠电机或进料带的驱动运动。为防止发生事故,在机器架上装有安全盖。带限位开关控制的活门,是为检查和维修设备时用的,一旦活门打开,所有传动电机都停止工作。

电气控制箱包括了全部必需的控制仪器,如电机超负荷继电器、按钮、指示灯以及必要的控制和监视机器的电气设施。

2. 刀的调节

切尖机的上、下刀要保持点接触,相对刀刃间的间隙调到 1 ~ 1.5 mm。上、下刀只能作上下调节。下刀突出台面 25 ~ 35 mm,上、下刀的搭接量保持 20 ~ 30 mm。

三、除杂系统

(一)主要部件及工作原理

除杂系统由风分器、分离器、旋风除尘器和风机组成。

含杂的碎烟叶,借助风力,从进料口吸入,叶片、烟梗与杂物的比重、飘悬速度有异,在风分器内受到分离。12.5 mm 以下的小叶片的飘悬速度为 2 ~ 3 m/s,12.5 ~ 25 mm 的中叶片为 4 m/s,25 mm 以上的大叶片为 5 ~ 6 m/s。一般进风口速度设计到 18 m/s 左右,出风口风速 14 m/s。掺杂在物料中的石头、铁块等,由于比重较大,被分离出来。进入风分器内的物料,因受到调节挡板的阻挡作用,使比重较大的烟梗受到冲击而下沉,经翻板输出。叶片上升,从吸料口吸入分离器,逐渐下沉经翻板输出。含尘的空气,经过滤网、除尘器,由风机排走。

风机的风量和风阻要根据输送分离的碎叶量及管路分离器等的阻力系数而确定。

(二)气力输送原理及飘悬输送速度

气力输送是将物料在空气流中,从一点输送到另一点的过程。空气流托起烟叶(或烟梗)的速度称为烟叶(或烟梗)的飘悬速度。

物料达到悬浮状态的基本条件是气流运动所造成的自下而上方向作用于物体上的力等于或大于物体的重量。空气对物体所表现的压力由3个分力组成：与气流垂直的物体断面所承受的正压力；不断吹到物体上的射流的分离而形成的负压力；物体对空气的摩擦力。作用于物体上的力P，按下列公式求得：

$$P = K_0 \frac{V^2 r}{2g} \cdot F + \lambda \frac{V^2 r}{2g} \cdot S (\mathrm{kg})$$

式中，K_0为实验系统，对于端面扁平的细长形体$K_0 \approx 1$；F为气流方向物料的投影面积(m^2)；V为空气管道中的气速($\mathrm{m/s}$)；λ为摩擦系数；S为物料的侧表面积(m)；r为空气容重($\mathrm{kg/m}^3$)。

实际上，物料在悬浮状态中的方位是变化的，因此，在气流方向物料的投影面积F也是变化的。显然，气流方向为物料最小的投影面积时，物料悬浮最不利，计算时应该考虑。物料悬浮所需要的条件为：

$$G = K_0 \frac{V^2 r}{2g} \cdot F + \lambda \frac{V^2 r}{2g} \cdot S$$

式中，G为悬浮物料的重量(kg)。

上式成立的空气流速称为理论悬浮速度，以V_1表示，即：

$$V_1 = \sqrt{\frac{G}{\dfrac{r}{2g}(K_0 F +)\lambda S}} (\mathrm{m/s})$$

当$K_0 = 1, r = 1.2 \ \mathrm{kg/m}^3$，代入上式，即：

$$V_1 = \sqrt{\frac{G}{0.06F + BS}} (\mathrm{m/s})$$

上式中，$B = \lambda \dfrac{r}{2g}$表面光滑的打叶后之纯梗，$B$值可取为0.000 4(试验数据)，粗糙表面的烟叶，B值可取为0.000 5。

在水平管路中，力P垂直作用于重力G的方向，因此物料下落。

物料落到管道底部之后，在力P的作用下，仍向前滑动或滚动，此时物料周围气流(紊流或湍流)具有垂直方向的分力；由于物料上方的流速较大会产生升力，促使物料出现了腾空状态的某一力P'，因此，物料在水平风管中的运动是跳跃式的连续上升和下降运动的组合形式。

水平管路中，烟梗V_1可按下列关系式求得：

$$V_1 = \sqrt{\frac{G}{\varphi(1-\varphi)\pi \cdot D \cdot L \cdot \rho}} (\mathrm{m/s})$$

式中,ρ 为空气的密度;L 为烟梗长度(m);D 为烟梗直径(m);φ 为物料的前进速度与气流速度之比值,$\varphi = 0.66\text{~}0.88$。

从以上关系式可以看到,烟叶(或烟梗)的飘浮主要由受风面积而定。根据受风面积,同一品种烟叶的飘悬速度同该品种烟叶最低的飘悬速度相比,可能增加 2~3 倍,甚至更高;烟叶品种不同,水分不同,飘悬速度差异就更大(见表5-1)。

表5-1　各种烟叶的水分与漂悬速度

种类	水分 / %	飘悬速度/(m·s⁻¹)
烟叶叶片	10~18	0.7~3.5
大片烟叶	11~19	1.6~1.7
黏结或鼠尾状烟叶	12~19	1.5~5.9
地纤维状烟丝	12~18	0.5~3.0
黏结成束状烟丝	12~18	2.0~5.0
烟梗丝	21~30	2.5~68.5
烟梗	14~30	2.0~6.5

物料的飘悬速度 V_1 并不是物料的输送速度 V,气流输送物料只能在气流速度超过烟叶的飘悬速度的情况下才能实现。由于输送气流中物料量的增加,风力输送设备必须考虑到物料流量的不均匀性,管路拐弯处产生气流涡流;风力停歇后,沉降在管道底部的物料重新升起输送等。因此,水平管道中的物料输送速度要大于垂直管道中的输送速度,物料的输送速度要比飘悬速度高得多(表5-2)。

表5-2　物料的输送风速

种类	输送风速/(m·s⁻¹)
烟叶	18~20
烟梗	22~25
切后烟丝与烘后梗丝	17~20
烘后烟丝	17~19
烟末	16~18

(三)气力输送设备的管道设计

气力输送设备,一般由管道、落料器、出料器、除尘器、风机、阀门等组成。气力输送中,管路是最简单又是很重要的部分。管径选择和管路的配置,直接影响着气力输送的效率,为此,引入"输送比"的概念。输送比是指被输送物料的总重量 G(kg/h)与输送物料的空气重量 g(kg/h)之比,用公式表示,即:

$$\mu = \frac{G}{g} = \frac{G}{V \cdot r}$$

式中，V 为输送用的空气体积（m³），μ 值一般为 0.2～0.5。μ 值应根据输送物料重量大小和特性而定。输送水分较大的烟梗或黏结成老鼠尾巴状的烟叶，μ 值要偏低；如输送松散的叶片与烟丝，μ 值要偏高。输送物料量少时，μ 值应当偏低；输送物料量大时，可以偏高。在同一输送速度下，输送管径越小，气流的摩擦阻力越大，输送物料也容易沉降而引起管道堵塞。输送烟丝管道直径一般选为 130 mm，其余的管道直径不小于 200 mm。

选定了输送比 G 值，即可确定输送风量 g（kg/h）和 V（m³/h）。但需要的输送风量不一定是实际使用的输送风量，实际使用风量要根据选用风机进行修正。输送风量必须是扣除管道的漏风量。确定了实际使用的输送风量 Q（m³/h），按表确定风速 V（m³/s），按下式求管道的截面积 F（m²）：

$$F = \frac{Q}{3\,600V}$$

落料器后的含尘空气管道的风速一般选用 13～16 m/s。

气流在圆截面的管道中比在方截面的管道中均匀，方形或矩形管道的四角易产生涡流。在气流速度相同、管截面积一样的情况下，圆管摩擦阻力较小，因此风力输送管道往往作成圆形。但在圆形弯头处，如果咬口焊缝不平，容易摩擦破裂。矩形弯头的外面可利用厚板，以延长寿命。

圆管中单位摩擦阻力 R 由下式求得：

$$R = \frac{\lambda}{d} \cdot \frac{V^2 r}{2g}$$

式中，λ 为气流与管壁的摩擦系数；d 为光滑壁面的圆管直径（m）。

因此，气流在直管中的摩擦阻力损失 H_f 为：

$$H_f = R \cdot L$$

式中，L 为管线长度（m）。

矩形截面的风管，边长 a 和 b 的比值越小，气流越不均匀，摩擦阻力损失也越大。为了确定矩形风管的摩擦阻力损失，一般用当量直径。当量直径的含义是：某一圆形管道的直径，在该圆形管道中空气流速等于矩形管道中空气流速时，具有像矩形管道中一样的单位长度摩擦阻力损失，这个直径称为以速度为准的当量直径 d'_v（mm）。

$$d'_v = \frac{2ab}{a+b}(\text{mm})$$

求出d'_v后,再查等于d'_v的圆形管道中的单位摩擦阻力损失,即为矩形风管的单位摩擦阻力损失。

除管道中摩擦阻力损失外,还有在气流方向或横断面积改变时,形成的涡流而产生的局部阻力损失。局部阻力损失ΔH的计算由下式求出:

$$\Delta H = \xi \frac{V^2 r}{2g}$$

式中,ξ为局部阻力系数,V为该管件的进口风速(m/s)。局部阻力系数由实验获得。一般T形落料器的局部阻力系数$\xi = 1.37$,切向落料器局部阻力系数$\xi = 2.02$,输送管断面的弯头曲率半径宜为1.5~3.5 m。

(四)落料器及出料器

物料输送到目的地后,必须从输送气流中分离出来,落至规定的地点。将物料从气流中分离出来并排出于大气中的装置是落料器和出料器。

1.落料器

落料器有几种,T型落料器是其中之一。T形落料器的设计参数,进口风速一般为13~15 m/s;网面风速按净通风面积计算,一般为2.5~3.0 m/s,按毛面积一般为2.0~2.5 m/s;出口风速仍为13~15 m/s。T型落料器的几何形状及尺寸对落料器的性能影响较大。合理地选用风速不一定能防止落料器的贴网堵塞。

切向落料器是另一种形式的落料器,它的进口风速较T型落料器要高,一般为18~24 m/s;出口风速为13~15 m/s。由于切向落料器进口风速较高,而体积比T形落料器小,所以它的阻力损失较小。切向落料器因无网,维修量较小。进口风速不能太低,不然,小碎片容易随气流跑掉,即发生"跑片"现象。为防止跑片,在出口处的下部,安装一块半圆形的挡板。目前,在进口设备中,已采用了网与切向组合形式的落料器,由于它兼顾了切向落料器和T形落料器的优点,既防止了跑片现象,又解决了贴网的发生,是比较理想的落料器。它的原理基本上与切向落料器相同,不过从结构上来看,它把切向落料器的半圆形的死挡板,改为旋转式的网,物料从进料口沿切线方向进入落料器后,借助离心力的作用,向下坠落,进入死区,通过出料器把料排出。由于进出口存在着风速差,通过网上的含尘空气在速度降低的情况下,只能把尘土带走而碎叶片通过网底的过滤和旋转,小碎叶落到底部。旋转网的转速一般为21~

23 r/min，网孔要按分离物料的情况而定，一般叶片用18目/in。还有一种是网底不转的落料器，原理和结构与上面基本相同。

2. 出料器

出料器安装于落料器的下面，也叫翻板落料器。设计依据主要是卸料量 G（kg/h）和卸出物料的散装体积重量 ξ（kg/m）。出料器的容积 q 计算如下：

$$q = \frac{10G}{60 \cdot n \cdot \xi} = \frac{G}{6 \cdot n \cdot \xi}(\text{m}^3)$$

或者计算出料器的直径 D：

$$D = \sqrt{\frac{10G}{60 \cdot \frac{\pi}{4} \cdot L \cdot n \cdot \xi}} = \sqrt{\frac{2G}{3\pi \cdot L \cdot n}}(\text{m})$$

式中，n 为出料器的叶轮转速（转/min），一般 $n = 25{\sim}30$ r/min；10为安全系数，这是考虑到出料器的轴和叶轮占去了部分容积，物料又不宜充满整个容积，生产中流量的不均匀性等。安全系数还与叶轮的转数有关，转数偏高，该系数还要增大；L 为出料器长度（m）

出料器若漏风，直接影响T型落料器的贴网和切向落料器的跑片，应该尽量防止。一般在叶轮与壳之间留30～40 mm的间隙，再在叶轮上一长一短地加双层密封橡胶板，可防止出料器漏风。如果铸铁叶轮与外壳之间保持0.15～0.3 mm的精度间隙，也可以不装橡胶板。

（五）通风机的选用与安装

1. 通风机的选用

气力输送主要靠风机提供输送用的空气流。通风机产生的排气压力低于 $11.27{\times}10^4$ Pa，压力高[$(11.27{\sim}34.3){\times}10^4$ Pa]通常称为鼓风机。通风机主要有离心式和轴流式两种。气力输送系统中需要除尘，输送风速较高，管线又较长，因此，一般常采用中压离心通风机（压力980～2 900 Pa）。

选用风机要按风机样本给出的特性曲线或给出的性能选择表选择。根据管路系统所需要的风量风压值，在风机特性曲线上，选择相应的最佳工作点。

通风机的结构、大小、转速及空气容量等4个因素中任何一个变化都会引起特性曲线变化，通常发生变化的是空气容重 T（kg/m）和转速 n（r/min）。当转速 n_1 变化到 n_2，空气容重由 r_1 变到 r_2，风量则由 φ_1 变化到 φ_2，全压由 H_1 变化到 H_2，轴功率由 N_1 变化到 N_2，其关系式如下：

$$\frac{\varphi_1}{\varphi_2} = \frac{N_1}{N_2}$$

$$\frac{H_1}{H_2} = (\frac{n_1}{n_2})^2 \cdot \frac{r_1}{r_2}$$

$$\frac{N_1}{N_2} = (\frac{n_1}{n_2})^3 \cdot \frac{r_1}{r_2}$$

此时风机的效率不变。当某一风送系统风机的风量与风压达不到要求，减少漏风量而仍不见效果时，要适当更换风机转速，但不能任意提高，这是因为随意提高转速，会毁坏叶轮。更换转速，要考虑轴功率变化，必要时更换电机，不然小马拉大车，会烧坏电机。

电机的轴功率 N 与风量 φ（m³/h）、风压 H 的关系是：

$$N = \frac{\varphi H}{102 n_1 n_2 \times 3\,600} \cdot k \text{(kW)}$$

式中，n_1 为风机全压效率（%），n_2 为风机机械效率（%），n_2 随传动方式而变化，直联时 $n_1 = 1$，用联轴器时 $n_2 = 0.98$，三角皮带传动 $n_2 = 0.95$；k 为安全系数，随电机功率而定，2～5 kW 的电机取 $k = 1.25$ kW 以上的电机取 $k = 1.15$。

风送系统的电耗一般高于其他衔接设备（运输带、振槽等）。目前，选用4-72型通风机较多，因这种风机效率高。4-72型最高效率可达91%，电耗较低，具有运转平稳、噪声较低、出口方向可以调换的优点。要尽量避免两台以上的风机并联或串联使用，原因是两台以上的风机连在一起比单台使用效果要差。

2. 风机安装

第一，离心式风机安装时，必须检查工作叶轮与吸气短管（一般指喇叭口）之间的间隙大小，一般越小越好，以不摩擦和碰撞为原则。3号以下的风机不应大于3 mm，4号及5号风机不应大于4 mm，6～11号风机不应大于6 mm。

第二，检查工作叶轮的平衡程度。

第三，与通风机进风口相接的管件，最好采用角度不大渐扩管或渐缩管。

第四，通风机的出风口是机壳螺旋线的终点，螺旋形的气流到出口，必须依靠出口管段继续变动。

（六）风送系统除尘设备

1. 除尘器类别及原理

由于产地、烟叶等级等情况的不同，烟叶中一般含有1.5%～4%的无机尘土;加工过程中,还产生一定量的有机尘土,这些尘土一般均由风分、风送系统排除。按国家卫生标准规定,排入车间内的空气,其含尘浓度不得超过 3.0 mg/m³;排入室外大气中的空气,其含尘浓度不得超过 150 mg/m³。因此,风送系统排除的空气,无论排入室内或室外,均应进行除尘处理。

除尘器或过滤器的净化效率(η)按下式计算:

$$\eta = \frac{d_1 - d_2}{d_1} \times 100\%$$

$$\eta = 1 - [(1 - \eta_1)\cdot(1 - \eta_2)]$$

式中,η_1、η_2 为第一、二级除尘的净化效率(%)。

风送系统空气中含有的灰尘,直径一般在 100 μm 以下,直径在 200 μm 以下的中粒灰尘及直径在 200 μm 以上的粗粒灰尘只占少数。因此,用"降尘室"之类的粗净化方式是难以奏效的,在风分、风送系统中不宜采用。一般采用中净化(清除 100 μm 以下的灰尘)和细净化(能清除空气中 10 μm 以下的灰尘)。

一般第一级净化(中净化)常采用 CLT 及 CLT/A 型旋风除尘器。这两种除尘器,含尘空气均由圆筒体的上方沿切线方向进入筒内,在筒内螺旋线运动,在离心力的作用下,尘埃颗粒靠壁面运动,从下部锥体排出;而净化后的空气,仍成螺线形运动,通过除尘器的出气管和螺壳排出。使用这种除尘器要注意:一是进口风速不宜过高,否则空气阻力过大;进口风速又不宜过低,否则除尘效率甚微。据测定,CLT 型旋风除尘器的进口风速为 15～16 m/s,净化打叶风分空气时,除尘效率可达 98.4%;CLT/A 型旋风除尘器的进口风速为 16～17 m/s,净化打叶风分空气时,效率可达 98.9%。二是除尘器的内壁必须光滑,以防止因内壁凹凸不平,沿内壁运动的尘土遇阻而重新飘起,随空气排走,不但降尘效率低,而且磨损快。三是与下部连接的集尘箱(卸尘器)密封性能要好,否则,因漏风使下降的尘土随空气抽走,影响除尘效果。

作为中净化,除尘器的型号尺寸选择合理,加工安装正确,管理较好时,上述两种除尘器在空气初始含尘浓度为 3 000 mg/m³ 的情况下,净化后的空气含尘浓度可降至 48 mg/m³。

CLT 型除尘器的阻力系数约为 5.0,CLT/A 型除尘器阻力系数为 8.8。CLS/A 型水膜除尘器及布袋除尘器,既可作中净化设备,又可作净化设备,也可单独作为一级除尘设备及二级除尘设备。CLS/A 型水膜除尘器的工作原理是,含尘空气从下部切向进入除尘器后,灰尘在离心力的作用下向器壁运动,被器壁的水膜吸附;随水冲刷到底部排尘口排出。CLS/A–X 型为吸入型,上有螺壳,排尘口必须插入水中水封,CLS/A–Y 型为压入型,不带螺壳,排尘口不用插入水中。它们作为二级除尘时可达到 95% 以上的除尘效率,净化后的空气含尘浓度可降至 2.4 mg/m³。

布袋除尘器型号较多,袋数也不一样,当它的比负荷(即每小时通过 1 m² 滤布的空气量)达 150 m³/m² 时,作为二级除尘,除尘效率为 98%,适应于含湿量较小的尘埃净化。布袋式除尘器布袋抖尘方法,目前引进设备中有两种:一种是机械方法,利用电机,带动偏心轮和连杆,使布袋上的尘土抖动下来,工作是间断式的,间断的时间靠电气控制。另一种是靠电磁阀的脉冲,不断使压力较高的压缩空气反吹布袋,使尘埃吹落下来,其脉冲宽度和周期也可以自动调节。不论使用哪一种除尘器,总有阻力存在,总要消耗动力。若含尘空气经过一级净化后,进行回风循环使用,不仅减少动力消耗,也有利于车间温湿度的管理。

2. 除尘设备维护与保养

每天操作者的工作:要清除除尘器内的杂物及集尘箱内的尘土,保持工作环境及机器内、外部的清洁,检查网底是否堵死或损坏。

每周技术人员的工作:要检查变速箱及油雾器是否缺油,检查风机传动系统及管路磨损,更换已坏网底。

每月操作者与技术人员的任务:操作者清理布袋上的尘土;技术人员检查叶轮磨损情况,并留下记录;检查翻板落料器的封闭条磨损情况,是否更换,以不漏风为原则;给变速箱、电机等处加油。

(七)风送系统的调试与运转

风送系统安装好后,必须检查系统能否达到设计要求。调试过程一般分为空运转与试运转两种。其程序是:用仪器和外部观察方法检查系统中各部件的质量和安装质量;检查系统的工作情况;查明产生缺陷的地方和原因;排出发现的问题。当外观检查与空运转都未发现问题时,即可投入试运转。物料进入管道内不能吸走,特别是水平管道内物料积存,说明输送风速太低;物料能勉强吸走,但管道内有时堵孔,是输送风速偏低。因此,要对输送段的风速及风机的总风量、全压进行测定。如果风机的性能达到要求,则说明系统漏风严重。如果风机的全压与设计值相近或较高,而流量的设计值低,则说明系统的阻力大。如果风机的风量与风压都低于设计值,则可能是风机转速低,也可能是风机本身的缺陷,或者是设计上的错误。

进入管道的物料能顺利输送,但吸料口经常堵塞,或者从吸料口处经常有物料掉落,说明吸料口有缺陷。吸料口的形式多样,尺寸不一,但吸料口的风速应适当地高于输送风速,尽可能避免涡流产生,进料要均匀。

为减轻风机的震动与噪声,通常在风机的底座上加特殊的减震器。为保证使用,要把弹簧减震器固定在混凝土基础上,并使用橡胶垫圈,以防止下沉。为防止风机震动沿管道向外传送,风机与风管连接的进出口段,采用软连接,尽量选用转速较低的风机。

此外,叶轮也直接产生噪声与震动,必须对风机叶轮做静平衡的检验。

四、润叶机(打前润叶)

润叶机的种类很多,引进的有 DICKINSON 公司的 5 000 kg/h 的热风润叶机、AMF-LEGG 公司的 5M 润把滚筒、HAUNI 公司的 WH 型热风润叶机等。

打叶前,使用还是不使用热风润叶机的说法不一。据日本 JTI 认为,烟叶与热风多次接触,会造成烟叶发脆,因此,日本不主张打叶前使用热风润叶机。根据我国的生产实践,含一定水分的烟叶,在一定温度下,烟叶比较柔软而有韧性,打叶效果较好,因此,在打叶前应使用热风润叶。国产 YG34、YG35 型热风润叶机的缺点是热风装置易堵塞,无排风装置,筒内蒸汽容易外溢;DICKIN-SON 公司的热风润叶机采用全部回风,无排风装置,在润叶过程中,由于喷入蒸汽和水的混合物的量一定要大于润叶的需要量,不可能平衡,所以必然会出现多余蒸汽外溢现象。HAUNI 公司的 WH 型润叶机,在循环风的出口处增加旁通管路,循环风需要量可以调节,始终有部分热风(筒内的潮湿空气)向外排出,这种设备克服了其他热风润叶机无法向外排蒸汽的缺点,采用无级调速器传动,对控制烟叶在筒内的运停时间有利。下面着重介绍联邦德国 HAUNI(虹霓公司)和 QUESTER(套斯特)公司的热风润把机。

(一)结构

QUESTER 和 HAUNI 公司的润把机在结构和尺寸上虽与 YG34 型热风润叶机不同,但工作原理和效果是基本一样的。筒体用不锈钢卷制而成,靠电机和皮带传动。筒内纵向分布 6 条拨料板,用来松散叶基。叶基在筒内停留时间约 3 min。滚筒进口端内部装有三组喷水喷汽的喷嘴,使用水压为 196 132 Pa,蒸汽压力 80 000 Pa。靠它们向筒内物料加温加湿,并借助循环热风作用,使叶基迅速软化,叶温可达 55~60 ℃,水分达到 18%~20%。

循环送风系统由顶都风机、散热器和风管组成。热风从进料端吹入,与物料顺流而行,在出料端的顶部,通过过滤网,由风机排到加热器的管路里去,一部分含水汽较高的空气,在风机出口的分风管道的旁路上排出室外。循环热风管上装有温度表,风温一般是 80 ℃。

此外。在筒体外面的底部。平放有散热片,为预热筒体面设置,可以使用高压或低压蒸汽。

（二）操作要点

开机前,首先打开进汽、进水、排冷凝水阀门,把存留在管路中的乏水排掉。开空车运转 10 min 进行预热,来料后,再开喷水喷气阀门送气送水。当其他设备发生故障时,要把筒内物料除净后再停机。下班或吃饭时停止送料后,关死汽水阀门,空转 15 min,以防滚筒张圈变形。

（三）设备维护保养

每天操作工要在下班后,清理内部的残余物料及过滤网。每天检查阀门是否漏水漏气。上班前更换清洗过的汽水喷嘴。

每周维修工要清理循环管道内及风机内的尘泥。每周要清洗蒸汽过滤器和水过滤器。

每 3~6 个月要把水流量计擦干净。更换轴承润滑油,检查机器上各处螺栓是否松动。

五、打叶设备

通常使用的打叶设备有立式和卧式两大类,立式打叶机比卧式打叶机结构紧凑。体积小,占地面积小,操作简单,管理方便,易作空气调节。当产量加大时,可多台并列集中控制,能量消耗小。能适应各类不同烟叶的打叶。国内引进的立式打叶机有德国虹宽公司的 VT2500S、VT1200S,卧式打叶机有英国莱格公司的 4-48 型。

（一）VT1200S 立式打叶机

1. 主要结构和组成部分

VT1200S 立式打叶机系统由主机、分离器、除尘器、传动、风机及风管等部分组成。主机由上、中、下及底盘4段组成一个圆形密封腔体。烟叶的打制、分离在其内部完成。机体上部包括进料斗、主分离腔、副分离室和观察窗。中间有环形进风腔与外进风管连接;装有打钉的旋转打辊靠主轴支撑,并与外传动发生联系打钉的外面有上下框栏,再外边有3个开关门封闭着。下部有进风道与外主进风管相通,出梗翻板和出梗转盘安装在底座的上部。主机与风机、除尘器、分离器之间靠直径不同的管路连接,管路上有调节风门。

2. 操作与调试

VT1200S立式打叶机,根据循环空气的原理,除约20%的含尘空气进入除尘器外,其余气体返回车间循环使用,排走的气体由车间的新鲜空气补充。实际上,若获得最佳的打叶效果,必须对不同牌号的烟叶采取不同的处理方法;同时,要考虑到打叶机的功能,烟叶比重、水分的差别和其他因素,调节空气容量。此外,要注意调节进料和正确操作。每天进料之前,要进行空运转,以保证循环风的温度。

打叶与框栏之间的间隙要按以下的参数进行检查。第一级,上部之间的间隙42.5 mm,下部间隙减少到5 mm,这种排列保证在整个一级范围内均匀打叶。第二级,上部间隙为106.5 mm,下部间隙减少到8.3 mm,底部的打钉起到对烟梗的最后清理作用,铸铝的导向锥体保证了烟梗完全通过第二级打叶框栏。

为避免损坏机器,每次框栏调整、重新安装框栏或清理后,都要用手转动打辊,以保证打钉与框栏之间不能有接触。为了获得令人满意的效果,VT1200S打辊的转速固定在460 r/min,也可根据条件和烟叶品种进行调速。

3. 维修保养

(1)操作工每天维修任务

清除机器上的所有残叶及烟土;清除打头上和打钉及框栏上黏着土垢;检查打钉及各部件的紧固程度;检查打钉及框栏杆磨损情况,并通知有关人员更换。

(2)操作工和技术人员每周维修任务

擦净机器上的所有观察窗及照明部分,更换打钉及掉转磨损后的框栏杆的方向,检查齿轮箱内润滑油量,并及时补充。

(3)技术人员每月维修任务

检查打辊的主传动带的张紧度;检查各部件的链条张紧度;检查各翻板的密封条磨损情况并及时更换,给各部位加注润滑油,给主轴9个油嘴加油。

（4）技术人员每6个月维修工作

全面检查主机和辅机的各部位,特别是风机叶轮的磨损情况。

（二）VT2500S立式打叶机

按烟叶堆积比重的不同,该机产量也有差别。进料水分为20%,物料从顶部加入,形成多打多分,打分都在封闭腔内进行。大部分空气循环使用。约有20%的空气经除尘后排到大气里去,对车间保温保湿影响不大。打叶过程中,空气量可以遥控调节。打叶滚筒分四档有级变速,其产量、质量分别见表5-3、表5-4。

表5-3　VT2500S产量指标

堆积比重/(kg·m⁻³)	产量/(kg·h⁻¹)
80~100	3 000
60~80	2 700
0~60	2 400

表5-4　VT2500S质量指标(进料2 450 kg/h,水分18.4%)

叶片大小/cm	无附加分离器/%	有附加分离器/%
>2.5	49.9	53.1
>1.3	29.9	82.2
≤0.5	7.5	5.9
叶带梗	1.9	1.3

电机功率108.15 kW,风机风量34 000 m³/h。

（三）AMF-LEGG公司4-48型打叶机

4-48型打叶机产量、质量分别见表5-5、表5-6。

表5-5　产量指标

打叶滚筒宽/cm		产量/(kg·h⁻¹)	所需功年/kW
30	78	2270	11.25
42	107	3175	15
48	122	4080	22.5
52	132	5440	22.5

表5-6　质量指标

叶片大小/cm	百分率/%	梗长/mm	百分率/%
≥7.5	55~60	25~50	42
>133	85~90	>50	34
<0.3	1~2	<25	24
梗带叶	1~1.5		
叶带梗	1.5~2		

第三节　雪茄烟的润叶、贮叶技术

一、雪茄烟的润叶技术

（一）润叶的任务和作用

润叶的任务和作用有：增加叶片水分，提高叶片温度；有利于烟叶掺兑；润叶加料，改善烟叶品质。

（二）润叶的工艺要求

润叶的水分和温度要根据各等级、各类型雪茄烟原料的不同和气候条件以及车间温湿度的高低而定。一般要求是，烤烟型中、高档雪茄烟，润叶采取较低温度和水分标准，有利于保证烟的色泽；而低次烟和混合型雪茄烟可采取较高温度和水分润叶，以保证切丝后的烟丝质量。在正常条件下要求烤烟润叶水分和温度控制在表5-7所列标准范围内。

表5-7　润叶水分和温度标准

产品等级	叶片含水率/%	叶片温度/℃
甲级	(17~19)±1	35~40
乙级	(18~20)±1	40~45
丙级	(19~21)±1	45~50
丁级	(20~22)±1	50~55

（三）润叶机

润叶机可采用YG34型热风润叶机。

1. YG34型润叶机的主要技术特征

生产能力：3 000 kg/h。

增湿能力：烟叶增加水分(6±1)%。

增温能力：烟叶增加温度25～30 ℃(出叶温度55～60 ℃)。

筒身尺寸：内径1 500 mm，长度6 000 mm。

筒身转速：10 r/min。

筒身倾斜度：2°30′。

使用蒸汽压力与消耗量分别是4 kg/cm^{2}和204 kg/h。

烟叶在筒内停留时间：约3 min。

传动电机：JQ$_3$-11ZL-83 kW。

通风机规格：T$_4$-T$_2$-3.5A配电机，JQ$_3$-90S$_2$2.2 kW，全压98～156 kg/m^2，风量2 720～5 010 m^3/h。

散热器规格：S-2R-18-24，3只串联，每只散热面积为13.5 m^2。

瓷环层厚度：80～100 mm(瓷环规格：ϕ15×15)。

瓷环层清洗周期：3 d/次[以风压达到16 665.25～17 331.86 Pa(125～130 mmHg)为准，附装U形压力计1只]。

光管散热器面积：1.63 m^2。

2. 润叶机的操作

YG34润叶机的主要结构包括筒身和传动装置、蒸汽和水的喷雾装置和热风循环系统。操作要求如下。

(1)开车前的准备工作

检查滚筒与托轮、挡轮的接触是否良好，否则须做必要调整，在运转时筒身不得有上下跳动和前后串动的现象。

放净蒸汽管道中的冷凝水，检查蒸汽及水的供应情况、压力是否达到工艺要求、喷嘴是否畅通。

(2)开车

先开启散热器的进汽阀，使散热器预热约10 min，再启动风机，使空气循环并逐步升温。当进风温度达到120 ℃时方可进料。在升温过程中可根据需要开启蒸汽喷嘴以加速升温。

开车后要经常检查润后叶基的水分和温度。如来料有增减时应及时调整蒸汽和水的供应量。

（3）停车

生产结束时,应先关闭蒸汽和水的阀门,然后关闭热风系统,待叶基出净后方可停车。为了使筒内水分蒸发和筒壁干燥,可将热风系统再开约 10 min,然后关闭,做好设备和周围地面的清洁工作。

3. 使用时应注意的问题和设备的维护与保养

第一,设备投入生产前应及时将瓷环箱上两个接头处接上橡胶管,并配好 U 形风压表。在使用过程中要随时注意该表上压力指示值,如超过 16 665.25 ~ 17 331.86 Pa(125 ~ 130 mmHg)时应调换或清洗瓷环层。

第二,进料口应尽可能地采用封闭措施,以减少筒内空气的外逸和烟灰翻出。

第三,经常检查和清理插网及瓷片散热器,确保散热器处于良好的工作状态。

第四,出料口部位的灰尘每周要清除 1 次。

第五,要定期做好设备的检修工作,使设备处在良好状态下运转。

第六,传动架、压链轮、托轮、挡轮等机械传动装置中的轴承要每隔 6 个月加足润滑油,以保证良好的润滑条件。

二、雪茄烟的加料与加香

（一）雪茄烟加料

雪茄烟加料是指在雪茄烟生产过程中,在烟叶上施加"料液"的工艺过程。"料液"通常是用两种以上的烟用添加剂组成,常依据雪茄烟类型、风格和质量水平而有所不同。

1. 加料的作用

加料的最终目的是提高雪茄烟的吸食品质,形成特有风格,以满足吸食者的要求。通过加料可以使雪茄烟如下品质因素得到改善:

第一,喷洒料液可以调节烟气的酸碱度,改善吸味,使余味舒适。

第二,适当增加雪茄烟香气,掩盖和去除不良杂气和刺激性。

第三,改善烟叶(丝)的物理性状。通过保润剂的应用,可以增加烟叶(丝)的吸湿、保润能力,增加烟丝韧性、弹性,减少损耗。

第四,改善烟丝的燃烧性。通过助燃剂和阻燃剂的使用,可以平衡烟支的燃烧性能,减少焦油量,提高雪茄烟的可用性。

第五,防止烟丝霉变,增加雪茄烟的耐贮性。

第六,调整烟丝的颜色。

第七,在叶组配方基础上进一步平衡主要化学成分,调整烟香和赋予雪茄烟产品风格。

2. 加料依据

雪茄烟加料主要依据烟叶的化学成分、产品类型和等级、烟叶的物理特性、雪茄烟企业生产地点和销售区域的气候特点,以及产品既定风格来进行。

3. 加料原料种类及其作用

用于烟草加料的原料种类很多,不同原料具有不同作用。原料种类及其作用效果如下。

(1)调味料

在雪茄烟制品中使用调味料,主要是使烟气酸碱平衡,改善吸味,降低生理强度和吃味浓度,减少刺激性。糖类物质还有一定的吸湿保润作用。燃烧时会产生焦糖香气,可起到一定增香作用。调味料包括糖类和酸类。

(2)增香料

增香料的作用是协调和增进雪茄烟制品的香气,掩盖杂气,改进吃味。增香料必须是水溶性的,且性质稳定,在较高沸点下不易挥发流失。常用的增香料包括果味浓缩汁、中草药、可可粉和可可酊、辛香料、某些植物器官的浸提物、人工合成香料等,某些增香料还可以通过美拉德(Maillard)反应来制取。

(3)保润料

雪茄烟产品使用保润料的目的是增强烟叶或烟丝的物理性能,使其保持适宜的含水量、弹性和韧性等,以减少在加工过程中的工艺损耗(造碎)。施加保润料对改善烟制品内在质量是有益的。因为施加适宜水分和保润料的烟叶(丝)较为油润,可以降低刺激性,使吃味良好。保润料也有一定留香作用,使施加的香料、香精减少挥发,使烟制品内在品质保持相对稳定。生产中常用的保润料有丙三醇(甘油)、山梨糖醇、丙二醇、高果糖浆、葡萄糖醇糖浆等。

(4)燃烧调节料

燃烧性是许多烟草制品的重要质量性状。若燃烧性不好,熄火,则不论其他质量性状如何好,吸食者都不会认可。烟叶燃烧速度过快,也不是好的性状。

对这种烟叶常使用阻燃料予以控制。此外,有的烟叶烟灰颜色不白,或者烧结性欠佳。对这类烟叶应使用烟灰调节料进行处理,改善烟制品的燃烧性状。

常用的助燃料主要有柠檬酸钾、酒石酸钾钠、无水乙酸钠、硝酸盐、柠檬酸钠、苹果酸钾、酒石酸钾、乙酸钾等,上述助燃料可以单独使用,也可以两种以上混合使用。

(5)防霉料

烟叶内含有丰富的糖类、蛋白质、氨基酸、脂类等营养物质,是细菌、真菌繁殖的理想场所。当含水率≥15%、相对湿度≥65%、气温≥30 ℃时,很利于微生物生长和繁殖,使烟丝发霉,霉变的烟制品失去吸食价值。为了防止烟制品发霉,除在雪茄烟生产中严格控制水分不得超过12% ~ 13%,控制贮藏条件外,还需要在加料时施加一定的防霉料。常用的防霉料有苯甲酸、山梨酸、山梨酸钾、苯甲酸钠、1,2-丙二醇、脱氢乙酸、对羟基苯甲酸丁酯、丙酸、乙酸钙等。

4. 各类加料液的基本组成

不同烟草制品料液组成有所不同。

(1)烤烟型雪茄烟的料液基本组成

第一,烤烟型雪茄烟加料的主要目的包括:改善雪茄烟的吃味;减少或去除异杂气味;增加烟叶弹性、柔性;减少造碎。

第二,烤烟型雪茄烟加料配方特点。烤烟型雪茄烟是以烤烟叶为主的叶组配方。所以加料配方设计应该紧紧围绕烤烟叶组配方的化学成分和燃吸品质来进行。烤烟叶的含糖量较高,因此加糖料应特别慎重。若叶组配方糖含量很高,则应减少加糖或不加,以免糖碱比过高,烟味平淡,香气不易透发和产生腻重感。当然,当叶组糖含量不足时,仍然需要加糖。其他用料也应该视具体情况酌定。

(2)混合型雪茄烟料液基本组成

第一,混合型雪茄烟加料目的。减少刺激性和苦涩味,减少阿摩尼亚气息和消除杂气,增强特征香味。通过加可可粉,以增强白肋烟坚果香和巧克力香味。通过加甘草粉等,以减轻烟气的刺激性,增加醇和性。通过烘焙促进美拉德反应,生成吡嗪类等多种杂环类致香成分,改善香吃味。通过增加植物萃取物进一步增香、和谐香味。

第二,混合型雪茄烟加料特点。与烤烟型雪茄烟不同,混合型雪茄烟要进行二次加料。一次是对白肋烟单独加料,称作加里料;另一次是对白肋烟、烤烟混合烟叶加料,又称作加表料。

(3)梗丝料液基本组成

梗丝加料的目的:减低烟梗丝的木质气、减轻刺激性、改善香吃味。常用的原料:糖、保润料、果味浓缩汁、植物提取物、棕色化反应料、香料等,有时还可以加入甘草。

5.加料方法

(1)配料与煮料

按配方设计要求事先准备好用料。用料有固体物、粉末和液体。固体物和粉末需事先溶化,方能充分与其他料混合均匀。配料多使用夹层锅,利用蒸汽加热烧煮。烧煮的目的是将双糖转化为单糖,避免产生结晶,也便于烟叶充分吸收。

(2)加料方法

根据生产工艺和设备、烟叶原料以及产品质量要求,确定加料方法。目前我国通常采用喷料法与浸料法两种加料方法。

(二)雪茄烟的加香

烟叶经过调制和自然发酵,虽然吸食品质有很多改善,但是香味或多或少依然存在某些缺陷。特别是为了降低焦油量,在雪茄烟上采用滤嘴技术或添加非烟叶物质,使吸入的烟气香味与劲头大为减少,致使烟味平淡。因此,调香、加香技术的变革受到各雪茄烟企业极大的关注,积极运用高度发展的加香措施,来修饰、掩盖、弥补烟叶本身的不足,以适应吸食者的需要。

1.加香的目的及作用

不同烟草类型、品种、产地、年份的烟叶具有不同的烟香、杂气和地方气息。为了保持雪茄烟产品质量的相对稳定,除进行叶组配方合理设计之外,另一个重要措施便是通过加香加料予以解决,克服缺陷,提高产品质量。加香的目的主要是用以衬托烟香,又不损害烟叶原有香气,同时把杂气掩盖起来。也就是说加香必须与烟叶的香气协调,产生混合烟香,使烟味不变,令吸烟者满意。同时加香要适度,不能掩盖烟草固有香气。

加香的作用,有三点:

第一,增香与赋香。由于叶组质量的差异以及降低焦油措施的运用,会导致雪茄烟产品香气缺乏或滞重。通过加香可以补充优美的香气。加香还可以添加挥发性较强的特征香料,赋予雪茄烟独有的特征香味,增加对消费者的吸引力。

第二,改善吃味。加香前,叶组配方烟叶有的会有杂气、刺激性或烟味不丰满或余味不舒适。通过加香可以增加甜润度,改善吸味,掩盖或减弱一些杂气、刺激性、干燥感和粗糙感,谐调香味。

第三,加香更重要的作用是能把不同类型、不同品种、不同产地、不同年份生产的不同等级烟叶的香气有机组合并协调起来,同时还能掩盖或冲淡杂气,改善品质。

2. 加香原料及其作用

所谓香料是指具有香气和香味的物质。香料种类很多,加香工艺可以使用的天然香料有300余种,人工合成香料多达5 000余种。但是,实际应用于生产的各类香料仅为1 000种左右。我国自己生产的香料有600多种,而可用作烟草加香的仅200～300种。

(1)依据原料来源分类

依据香料来源不同,可以分作合成香料、天然香料、单离香料和美拉德(Maillard)反应物等。

第一,合成香料。合成香料是运用有机化合物合成原理,选择相应的化工原料,在人工控制条件下合成的香料。这类香料分子中具有致香基团,可以给予人们嗅觉器官刺激,产生不同的香味。一般,具有相同致香基团的香味成分,常常具有相同或相近的香味特点。依据致香基团的不同可以将人工合成香料分为醇类香料、羧酸类香料、羰类香料、酚类香料、挥发性胺类香料等。

第二,天然香料。天然香料是指采用一定加工方法从天然植物的根、茎、叶、花、果实或种子中,或者从动物的分泌物中提取制得的含香物质。天然香料制品主要有精油、精制精油、净油、浸膏、香树脂、香膏、酊剂、热法酊剂等。

第三,单离香料。单离香料是指用物理方法或者化学方法从天然香料中分离出的单一成分的香味化合物。它是具有一定化学结构的稳定化合物。常常使用的如薄荷醇、芳樟醇等都属于单离香料。

第四,美拉德反应物。美拉德反应物是在人工控制条件下,运用还原性糖与氨基酸反应制取的具有香味成分的混合物。这也是加香、加料中常常使用的香料物质。

3. 各类型雪茄烟的加香特点

（1）烤烟型雪茄烟

烤烟型雪茄烟加香需尽量突出芬芳馥郁、清甜柔和的烤烟自然香味特征，并能抑制或掩盖其不良的杂气、辛辣味、余味，提高吸食品质。另外，烤烟型雪茄烟由于使用的烟叶等级不同，所以在香气、杂气、刺激性、劲头、协调性、余味等内在质量上差别较大。这就是加香加料的最大特点和依据。

（2）混合型雪茄烟

混合型雪茄烟的叶组是由烤烟、白肋烟和香料烟组配的。不同类型烟叶的本身具有各自的特征特性，所以加香加料与烤烟型雪茄烟截然不同。由于白肋烟组织疏松，能吸收较多的香精、料汁和保润剂，是加香的理想载体。

一般使用二次加香技术，突显白肋烟香味特征。第一次加香着重改进烟味，第二次则除增补烟味外，重点是增进、协调烟香。白肋烟加香应选择渗透力强，能与组织紧密结合，且耐高温香精品种；还要求这种香精能掩盖生青味、苦涩味和其他不良气味。一般选用具有面包香、可可香和能改善香气的花香、水果香的原料，也往往选用美拉德反应产物。

4. 雪茄烟加香设计

烟草制品的加香是经过调香师精心设计，调配出使吸食者喜爱的、安全的、又适合于加香的香精配方。这就要求调香师具有深厚的香精香料基础知识和设计香精配方的能力和经验。要有"辨香""仿香"和"创香"的功夫和知识。

所谓辨香指的是能够准确地区分、辨别各类、各种香气和香味。在雪茄烟评吸中能准确说出其中的香气、香味来自哪类香料及不良气息产生的原因。所谓仿香是指，运用辨香知识和技术，将多种香精香料，按适当配比设计成需要模仿的香气和气味。创香就是运用科学与艺术的方法，在辨香与仿香的基础上，设计或创拟一种新颖的香气或香味（香型）的香精，来满足特定产品加香的需要。创香可以说是调香工作的成熟阶段，是设计新产品香味、香型的升华阶段。

（1）加香设计要求

第一，选用的香精香韵，要符合雪茄烟设计的总体要求。

第二，不同的加香目的要使用不同的香精配方。

第三，不同等级雪茄烟，要选用不同组合香料，以适应产品价格的要求。

第四，要注意香精香料有科学合理的结构，正确选用主体、辅助或修饰与定香香料,使头香、体香(中间香)、基香(尾香)三个层次香气前后协调、稳定。头香表现有好的扩散力,体香要求浓厚,基香要有一定持久力。

第五,要注意各种香精香料发生化学反应的可能性,尽量避开不利吸食品质的化学反应。

第六,烟叶香精、香料应符合卫生标准要求。

(2)加香设计步骤

第一,明确目标。

第二,选择香料原则。

第三,拟定配方,投入生产。

5. 烟用香精的组成及稀释

(1)烟用香精的组成

所谓香精是指由人工调配而成的含两种以上香料和某些辅料(溶剂、载体、色素、抗氧料、防腐料等)按照一定配比和调配工艺制成的香料混合体。烟用香精是指专供烟草制品加香调味用的香精。可以分为烤烟型雪茄烟香精、混合型雪茄烟香精、外香型雪茄烟香精和雪茄烟香精四大类。这些香精大都由顶香剂(头香剂)、主香剂(体香剂)、辅助剂、定香剂(保香剂)、溶剂5个基本部分组成。

(2)香精的稀释

香精必须通过稀释,充分地溶解,才能保证烟丝加香的均匀性。稀释通常依靠溶剂来实现。烟用溶剂应具备如下几个条件:①对香料和添加剂有良好溶解性,无异味、无毒;②在燃烧条件下不分解产生异味或有毒物质,对烟叶有较好的渗透性;③价格便宜。乙醇、丙二醇等符合上述条件,是常用的稀释剂。

6. 加香方法

在香精配方中,有些香料和溶剂的沸点很低,因此在任何加香方式方法中均应特别注意高温的影响,以免损失香精的香气效果。加香工艺对香精质量性状提出一定要求。首先要求香精或香料在一定温度、湿度、压力或一定介质中,有较长的持久性;其次,要求香精、香料的理化性状相对稳定;最后,要求香精、香料具备安全性。

(三)雪茄烟加香加料设计与香味补偿

1. 香味物质向烟气的转移

据最新研究,烟叶中具有致香作用的所有挥发性香味物质,在燃吸时只有30%左右直接转移到烟气中,70%左右需经过分解转化形成新的化合物后,再转移到烟气里,前者所赋予的香气在头几口烟气中便可以享受到,而后者却是构成烟气的主要致香物质。它主要包括类胡萝卜素、西柏烷烃类、岩蔷薇类潜香物质及其降解产物。

2. 雪茄烟香味和劲头补偿的因素

即使是非常优质的烟叶,本身积累的致香成分,依然存在一定的局限性,甚至出现一定缺陷。同时设计低焦油雪茄烟时将面临两个问题,其一是由于焦油的降低,烟气中的香气、吃味和劲头将不同程度地减少,这样就使低焦油雪茄烟存在可接受性问题;其二就是吸烟者调节烟气摄入量的问题。对此,人们通常运用加香加料手段,对香味予以补偿。决定烟气补偿的因素包括产品的可接受性、雪茄烟烟气摄入量的调节。

3. 雪茄烟设计中香味和劲头的补偿

影响烟气补偿的雪茄烟设计因素可以分成两类,一是产品的物理特殊性质(主要是压强和滤嘴设计);二是烟气化学,主要是尼古丁、焦油和一氧化碳等的含量;而且还有生理活性物质,如香气和吃味等。

就物理特征而言,雪茄烟的压强对抽吸容量影响特殊。Rawbone 报告随压强增大,抽吸容量减少,吸烟者对压强感觉敏锐,压强可以看作是吸烟者要吸到习惯的每口烟气量所用吸力的指标。例如吸烟者在用较大的力才能吸到通常吸到的一口烟气量时,吸烟者可能会说这支烟难吸,但实际上测得的压强较低(由于通气度大)。或者,在吸每口烟更容易时,吸烟者会说抽得较快,但实际上测得的压强可能较高,将压强相同但尼古丁含量不同的雪茄烟进行比较,吸烟者经常认为尼古丁含量高的雪茄烟易吸。

用通气稀释法降低焦油量的做法实际上受到限制,因为需要达到一定的平衡,以便使大多数吸烟者感到满意,可采用的稀释范围相当窄,因为通过压强测定分析看起来好像容易吸的烟,对于吸烟者来说却很难吸。

三、雪茄烟的贮叶技术

(一)贮叶的任务和作用

贮叶的任务是将润叶加料后的叶片,按工艺要求进行一定时间的贮存。其目的是使润叶回潮过程中施加到叶片上的水分和料液被叶片充分吸收。特别是混合型制丝生产加料较多,更需要一定时间的贮存。贮叶还能使水分得到平衡,以便于改善烟的吸味品质。另外还能缓和打叶与切丝之间的供需矛盾,有利于调度生产。

(二)贮叶的技术要求

贮叶一般采用贮叶柜,进行叶片贮存。贮叶柜必须置于贮存室内,其室内的温湿度应能调节。一般情况下,室内温度控制在35~40 ℃,相对湿度控制在75%~80%。贮叶时间不少于2 h。贮存后叶片含水率要求均匀,允许误差不得超过±1%。贮存能力应满足生产需要,其计算公式是贮叶能力(kg)=制叶丝工段工艺制造能力(kg/h)×必要的贮存时间(h)。

(三)贮叶柜的结构

贮叶柜的容积和台数是按打叶机的台时产量和供叶量以及能满足必要的工艺贮存时间来决定的。一般采用三柜一组:一柜进料,一柜贮存,一柜出料。单柜的贮存量为1 500~2 000 kg。贮叶柜由柜体、输送链板、主传动、松叶器、缓冲器、行车式阶梯分配带、配叶带和大行车等部分组成。

(四)贮叶柜的操作

贮叶柜的操作分手控和自控两种。自控操作用于正常生产的自动化控制。手控多用于单机生产和设备的调整与检修。在生产操作时,一柜进料,一柜出料,一柜贮存,三柜循环使用。在一个柜中不能同时进出料。

1. 开机前的检查

开机前首先要检查缓冲器与机架的连接螺栓有无松动,分配带、配叶带有无跑偏现象,链板输送带上是否有硬物,其他部件是否完好,发现问题首先解决。

2. 开机

当采用自控操作时,控制系统所属的各部分均按一定的程序进行工作;当采用手控操作时,机组各部分的工作要严格按照操作规程和先后顺序。

（1）进料

先开启配叶带大行车，然后再开启相应的翻板门和分配带，关机的程序与开机相反。

（2）出料

先开动松叶器，然后开动链板输送带，开动时只能向出料方向运转，严禁倒转运行。关机的程序与开机相反。

注意观察设备的运转情况，特别是大行车的运转是否平稳。经常检查缓冲器与机架的连接螺栓有无松动，分配带、配叶带有无跑偏。注意检查贮叶柜内铺叶是否均匀，厚度控制在800～1 200 mm。

3. 停机

生产结束时，进料、出料柜要按停止顺序停机，切断电源。并做好机周围环境的清扫工作。

（五）贮叶柜的维护保养

要经常检查机器的运转情况，发现问题及时修理。经常保持行车，链板输送带的轨道清洁。经常检查电机及传动轴承是否温度过高及是否有不安全的因素。减速箱、轴承和传动链条等要按期加润滑油（脂），加油后要擦清油渍，防止叶片沾污。每周对设备要全面清扫1次。

第四节 雪茄烟的蒸梗、压梗技术

一、雪茄烟的蒸梗技术

（一）蒸梗的任务和作用

烟梗是烟叶的组成部分，其重量约占烟叶的25%，可把烟梗制成合格的梗丝掺入叶丝内作填充料使用。由于烟梗的外形和性质与叶片不同，不能把烟梗和叶片混在一起切丝，否则将会切出较多的梗签、梗块，影响卷制和燃吸质量，因此必须对烟梗单独进行蒸梗、压梗、贮梗、切梗丝等工艺处理，最终制成合格的梗丝。润梗是增加烟梗的水分和温度，使其变得柔软，以利于压扁，并减少造碎，但烟梗的水分如果过高，容易使烟梗的色泽转深并增加压梗时的破碎率。

由于烟梗的吸湿能力较差,若采用较低温润梗,则烟梗表面的水分不易向内部转移,如采用较高温度润梗(即蒸梗),使烟梗迅速软化,可直接进入压梗工序处理。烟梗的使用范围:一般产品以本牌号的出梗率为使用标准。在甲级烟生产时,采用全部退梗或部分退梗的方法,以提高其雪茄烟的吸味品质,退下的烟梗可酌量加于乙级烟以下各级雪茄烟中,至于加梗多少以不影响本牌号的质量为原则。

(二)蒸梗设备

1.滚筒式润梗机

该机与润叶机的结构相仿,但筒身短而小,筒长 2.65 m,直径 1m,筒内装有长 127 mm 的铁钉 56 个。筒身转速为 16 r/min,烟梗通过筒体时间为 22 ~ 24 s。加潮范围 10% ~ 15%。由于烟梗吸湿较慢,水分附于烟梗表面,需经一段时间的贮存才能使水分充分向内部渗透,故多数烟厂都不采用此润梗机。

2.YG42 型螺旋蒸梗机

目前,多数烟厂都是使用 YG42 型螺旋式蒸梗机对烟梗进行回潮处理。它是在封闭的"U"形筒体内,利用旋转的螺旋将烟梗在向前推移的过程中,同时进行加入高温高湿的润潮处理,以达到贮梗和压梗的工艺要求。蒸梗机出梗口可与压梗机的喂料机直接衔接,缩短了烟梗的工艺处理时间,提高了生产效率。

(1)YG42 型螺旋蒸梗机的主要技术特性

蒸梗能力:500 kg/h。

要求蒸汽压力:3 ~ 5 kg/h。

蒸梗时间:2.5 ~ 3 min。

水分增加范围:8% ~ 12%。

蒸后烟梗温度:80 ~ 90 ℃。

筒体倾斜角:5°。

螺旋轴转速:2.6 r/min。

电动机:JQ$_2$-22-61.1kW,930 r/min。

(2)YG42 型螺旋蒸梗机的结构和特征

螺旋蒸梗机是一种不带挠性牵引构件的连续输梗、润梗机械。烟梗由于重力和对槽壁的摩擦力作用,运动时不随螺旋一起旋转,而是以滑动形式沿着烟梗料槽移动,在向前移动的同时。烟梗吸收水分而被润潮。

该机结构比较简单,主要由筒体、螺旋推进器和传动系统等部分组成。

(3)螺旋蒸梗机的操作要点

第一,产前检查蒸汽喷管及各阀门是否畅通,机内是否有其他杂物。

第二,动电动机、排汽风机,观察各部分的运转情况有无异常。

第三,启蒸汽阀门预热,当温度达到100 ℃以上时,方可进入烟梗。

第四,梗前应设金属除杂装置除去金属杂物和其他杂物。

第五,梗机的烟梗需要采用定量喂料机喂料,确保流量均匀,不要超过蒸梗机的工艺制造能力。

第六,正生产时要经常检查蒸梗后烟梗的温度和水分是否达到工艺要求,检查金属探测装置是否灵敏,并及时清理金属杂物。

第七,饭停车期间或下班时,筒内不准留有烟梗,防止烟梗色泽变深。

第八,首先停止进料,待料出净后再停止电动机,关闭蒸汽阀门和排气风机。必要时可用水将筒内冲洗干净。

(4)设备的维护保养

第一,定期加油润滑,经常检查各紧固零件是否松动,发现问题及时处理。电动机开启后,不得随意拆卸防护罩。

第二,经常清除螺旋片和机体内的烟灰积垢。

二、雪茄烟的压梗技术

（一）压梗的任务和作用

1. 压梗的任务

将蒸后合格的烟梗按工艺要求压制成厚薄均匀的梗片,为切成合格的烟丝做准备。梗片厚度为0.6～0.8 mm,接近于烟丝的宽度。然后再把梗片切成宽度接近于叶片厚度(约0.3 mm)的梗丝。这样梗丝的外形与叶丝的粗细基本相适应,从而有利于掺兑均匀。

2. 压梗的作用

压梗的作用主要有增进烟梗丝的填充力(见表5-9)和增进燃烧性。

表5-9　压梗与填充能力的关系

测定的半成品	单位重量体积/(cm²·g⁻¹)	填充能力/%	含水率/%
叶丝	6.48	150.45	13.30
来压的烟梗切片	4.20	100	14.8
烟梗压扁切成梗丝	5.34	127	14.7
叶丝加20%梗片	5.97	100	–
叶丝加20%梗丝	6.14	162.8	–

（二）压梗设备

压梗设备有三滚筒式和双滚筒式压梗机两种。

三滚筒式压梗机设备较小,占地面积小,产量低,生产能力为200 kg/h。烟梗经3只压辊(1个大压辊ϕ604 mm×500 mm,2个小压辊ϕ302 mm×500 mm)两次压扁,压梗质量尚好,适用于小型烟厂。目前一般多采用双滚筒式压梗机。

1. YA51型双辊式压梗机的主要技术特征

生产能力:400~450 kg/h。

轧辊规格:(直径×长度)520 mm×620 mm。

轧辊转速:102 r/min。

进料传送带速度:0.88 m/s。

压缩空气喷水嘴:前后轧辊部装压缩空气喷水嘴3只(空气压力1.5 kg/cm³)。

电动机:JQ₃-180 m-618.5 kW。

外形尺寸(长×宽×宽):4 400 mm×2 515 mm×1 910 mm。

重量:约5 600 kg。

2. YA51型压梗机结构

YA51型压梗机由进料运输机构、烟梗机构、前后轧混、循环冷却系统和出料装置、传动系统等组成。

3. 电气系统结构

YA51型压梗机电气系统结构包括:电源、主传动电机、电磁铁。

电气操作程序为:开车时,先接通电源,开启水系电机和电磁铁辊电源,然后开启主传动电动机。停车时,先停止主传动电动机,停止水泵电机和电磁铁辊电源,最后切断电源。

电气设备的检查与维修要点如下:

第一，应经常检查电磁铁的工作是否正常，表面吸力是否均匀。

第二，电动机在试车时，应检查各部分的接线情况和电动机的运转方向及各部分的绝缘情况是否良好。

第三，经常清除电气设备外壳上积聚的灰尘和油污。

第四，注意检查电动机和电器外壳温度，如果升温超过允许值时，应及时查找原因，并尽快予以消除。电磁吸铁辊的升温不得超过25℃。

第五，注意电动机运转是否正常，轴承是否有漏油现象。

第六，凡新换的电气设备元件，功率、电压、电流，都必须与原规格相符。

4. YA51 型扎梗机的生产操作

（1）生产前的准备工作

第一，检查各防护罩是否松动、碰撞和歪斜。

第二，检查压缩空气管和水管是否畅通，冷却水循环系统是否阻塞。

第三，检查电磁铁辊是否失灵。开车前先通电，使电磁铁开始工作。

第四，调整进料运输带使其张紧，检查接头处是否完好。

第五，根据原料的规格，调整梗辊与运输带之间的距离。

第六，检查运输带及轧辊上是否有硬物和其他杂物。

（2）生产操作

第一，按开车先后顺序进行开车。

第二，开车后逐渐加入烟梗，烟梗力求铺得均匀。

第三，发现烟梗中有硬物和杂物，应及时拣出。

第四，根据试轧的烟梗和工艺要求的规格，调整喷水量和轧口距离（即两轧辊之间距）。

第五，检查运输带在运行中是否有跑偏现象。

第六，在操作和维修时，严禁将工具和杂物放置在机器的墙板或其他部位上，正常生产时不得随意移动或拆下防护罩。

第七，发现压辊表面黏有烟梗或烟梗阻塞在两辊之间时，必须先停车然后再进行铲除或疏通。

第八，若发现机器运转不正常或有不正常噪声时，应立即停车检查，待机器停转后，方可进行维修。

（3）生产结束

第一，生产结束时，机器内不得存有烟梗，待出净后方可停车，并按停车先后顺序进行关机。

第二，清扫机器内外和周围场地的卫生。

5. 设备的维护保养与检修

（1）定期加润滑油

对轧辊轴承、各传动轴承和分散油孔定期加润滑油（脂），保持良好的润滑条件。

（2）检查电磁辊表面吸力

经常检查电磁辊表面吸力是否均匀，内部有无短路现象。

（3）观察电动机运转

注意观察电动机运转情况，有无漏油和升温过高现象。

（4）日常维修

机器的生产能力和保持正常的运转状况与良好的维修有着密切关系，在日常生产时必须保持机器的清洁、每天须清除机器上的灰尘。每周结束后，必须进行彻底清扫，对一些必要的机件或电气原件进行检查。如发现异常或磨损则须进行修理和调换。

（5）大修

每4年，对机器进行一次大修，对于易损件进行全面的检查和调换。

（6）轧辊的修磨

由于轧辊在工作时，较多地使用中间部分，因此中间部分磨损较为严重，根据轧辊厚度的要求，如果轧物的凹度超过0.15 mm时，必须修理重磨表面，使轧辊表面平直，否则将影响压梗质量。

第六章 雪茄烟的卷制技术

雪茄烟卷制是指将预制后的烟芯、内包皮(或无)和外包皮,制成具有一定式样和规格的雪茄烟支(尚是半成品)的加工过程。这里讲的半成品烟支,是说卷制后的烟支还需经过定形、修整、干燥和包装等加工后,才是成品烟支。卷制的基本任务是:按产品设计,把烟芯和内、外包皮卷成半成品烟支。按配方规定,卷制的烟支在香气、吃味等方面达到产品既定的质量要求。

卷制是雪茄烟制造中技术性很强的加工过程,是工厂劳动生产率提高的制约性环节。它的水平是衡量卷烟工业水平的一个主要标志。

第一节 雪茄烟的卷制要求

尽管烟支式样与规格不同,操作方法各异,但雪茄烟的卷制都必须达到下列的基本要求:

第一,烟芯、内包皮和外包皮的组合比例要符合配方规定。

第二,烟支式样端正。

第三,卷制后的烟支湿规格应略大于干规格。

第四,外包皮光滑、平伏,不得起皱或隆起。

第五,外包皮要完整,不得破碎和有洞眼。

第六,外包皮搭尾要牢,收头处要粘牢,不得散尾脱头。

第七,松紧适度,不得过紧或过松。

以上是对全叶卷和半叶卷雪茄而言。至于卷烟式的非叶卷雪茄,则基本上与卷烟卷制要求相似。

第二节 全叶卷雪茄烟的卷制

全叶卷雪茄系用天然烟叶作内、外包皮卷制的雪茄产品。因机械化程度和卷制方法的不同,有下列几种情况:全部手工操作,由卷制工一人完成;全部手工操作,卷内胚由卷胚工用一卷胚器完成,卷外包皮由卷烟工完成;卷内胚由卷胚机完成,卷外包皮由卷烟工手工操作完成;卷内胚由卷胚机完成,卷外包皮出卷外包皮机完成,二者单独运转;除平头平尾式样烟支外,卷胚机卷出的内胚,其头、尾或只是头端,需经整形机整形;全部卷制由全能包卷机完成。

我国目前各厂全叶卷雪茄的卷制多系前两种情况。现将全叶卷雪茄卷制分成内、外包皮裁切、卷内胚和卷外包皮三部分叙述于后,对全能包卷机也作简单介绍。

一、内、外包皮的裁切

内、外包皮的合理裁切,是卷制过程中的重要操作之一,也是能否卷制出符合要求的烟支式样、规格和外观质量的一个关键。同时,因与内、外包皮烟叶利用率的关系最为密切,它对工厂的经济核算影响很大。在外包皮裁切上显得尤为突出。

内包皮裁切的要点为:视烟叶的形状、脉相和叶片上缺点(如洞眼)的有无与部位,确定裁切位置,支脉与内胚长向接近平行或夹角小,不环缚于内胚上,并使一叶片切出的内包皮数尽可能多。裁切的几何形状,如手工卷内压,无严格规定,边缘也不必一定平直。如用卷压器或机器卷内胚,则要切成一定的几何形状,边缘要平直。内包皮长度一般要比内胚长 5～25 mm,随烟支式样和粗细不同而异。宽度一般为内压圆周的 2 倍左右。

外包皮的裁切,比内包皮复杂。它的几何形状,必须与所卷烟支的式样与规格相适应。卷外包皮机的裁切模上所切出的外包皮形状,为某种烟支式样与规格上外包皮的展开图形,通过多次测定与修改后便可求得。

手工卷外包皮时,确定各种烟支式样的外包皮裁切的几何形状。裁切手工卷制的外包皮,尚须说明:因每种烟支式样内,烟支的具体形状又有差别,如虽同为尖头尖尾,但头、尾的具体锥度和烟身的长度与粗细又有很多种,所以外包皮裁切的具体形状也不一样。在实际外卷包皮时,卷烟工还要做出必要收头端形状的修整,使外包皮在头、尾端的包卷平伏、美观。裁切技艺高,包卷叶的再修整少。外包皮的裁切长度,除因烟支的式样和长度不同而异外,还因卷制时内胚与外包皮切条的夹角大小有关。夹角大则长,夹角小则短。一般为烟支长度的 2.2～3 倍。宽度主要取决于烟支圆周,也同内胚与外包皮切条的夹角大小有关,一般为烟支圆周的 1～1.2 倍。外包皮在烟叶上的裁切位置,要根据叶形、脉相和叶片上缺点的有无与部位来确定,使裁切出的外包皮既符合卷制要求,又使一张叶片切出的外包皮数尽可能多。定位时还要注意,外包皮的收头处不要有粗支脉。

总之,外包皮的合理裁切是手工卷制工人的技艺之一,在实际操作中工人要细心领会与掌握。

二、卷内胚

卷内压方法有如下几种。

(一)手工卷内胚

将梗后的(或烟梗细的烟叶上半截)一层或二层,叶面向下平铺于干燥的卷烟板(长 50 cm、宽 3 cm、厚 5 cm 的硬木板)上,裁切成内胚规格所要求的长度和宽度,然后右手定量地把片状或粗丝烟芯一份,按烟支式样和规格的要求,捏放在叶片上(平头平尾式样的烟支,烟芯应均匀分布;头、尾呈尖或圆形的烟支,则两端要少放些烟芯)。由后往前将叶片包卷烟芯,并用糨糊粘牢后,对头、尾两端进行必要的修整。卷制条状烟芯的内胚,则要先将去梗后的芯烟叶片,理直握成条状,然后在平铺的内包皮烟叶上,按烟支式样和规格的要求,把数条烟芯捏排在一起,由后往前包卷成内胚。应注意,叶条之间不要绞扭,松紧要适度,否则,燃吸时会通气不畅。

此外,有些工厂的卷烟工,对规格较小的烟支(90 mm×35 mm 以下)的内胚是徒手操作。把内包皮叶片平摊在左手的手心和手指上,右手定量地抓取烟芯放于内包皮上。借助两手食指和拇指的动作,把内包皮由前往后包卷烟芯成内胚,并用糨糊粘牢。不同式样烟支的烟芯在内包皮上的分布,主要出两手的拇指和食指来控制。如系条状烟芯,右手将烟芯一层一层地垫在左手的内包皮上,达到烟支规格要求时为止。不同烟支式样的烟芯,在垫填时进行控制,粗的部分可加垫短烟芯。

如遇支脉较粗的内包皮叶片,为使内胚表面平伏,可用切皮刀的刀背,先将支脉轻轻敲平,或用切皮刀将其削平。

为确保内胚式样和规格正确,对手工卷制的内胚,用一木质和铝质的样板进行检查校正。

(二)卷胚器卷内胚

卷压器是一种木质工具,形状和结构与卷香烟工具相似,不同的是:①卷胚台通常为内胚圆周的 5~6 倍;②卷胚器内侧通常为内胚长度加 60 mm 以上。

操作方法是,将粗丝状或片状烟芯一份,均匀地放置在卷胚器的烟芯袋内,把裁切好的内包皮,平铺在卷胚台上卷胚带的中部,在右(或左)上角涂以少量糨糊,往前推动卷棒,烟芯便被包卷在内包皮内,制成内胚。当卷制平头平尾式样以外的烟支时,卷烟工还需从头、尾部抽出部分烟芯,修整被捏成所需形状。此法卷制内胚,规格均匀一致,工效比手工卷制高几倍以上。

(三)机器卷内胚

烟叶作内包皮用机器卷制成胚机,在国外已普遍采用。机器型号较多,现以 ARENCO-PMB 公司 ED 型卷内胚机为例:烟芯由一夹爪从芯烟斗中抓取,落入芯烟库内,被一水平运动的推模推到芯烟库出口端,喂到内包皮切片上。推模上装有弹簧,调节弹簧的压力以控制烟芯库烟芯听受的压缩程度。由于推模向烟芯袋移动的程度不同而反映出来的阻力不一样,便作用于一棘爪机构,操纵每次从芯烟斗内取出的烟芯量,确保各支内压的重量稳定。内包皮切片可以手工喂给,也可以由 EA 型单臂内包皮裁切机或 DA 型双臂内包皮裁切机供给。烟芯喂到被平放在卷胚带上的内包皮切片上后,由于卷胚辊往前运动,便卷成一内胚。此机的产量为 15~30 支/min。

烟叶作内包皮卷制内压,不论采用何种方法,都要分左、右手。卷制时要使支脉与内胚长向大体平行。内胚要较烟支略长,平尾式样烟支的内胚可长 10~15 mm,其余式样则长 2~4 mm。机器卷制的内压,一般都经过一专门设备进行定形和初步干燥,以便尽快地送去卷外包皮。手工卷制的内胚,一般都随即卷外包皮,有的工厂规格大、式样复杂的,要经过木模定型和初步晾干后,再卷外包皮。

三、卷外包皮

烟支式样和规格最终是由卷外包皮操作完成的,其方法有以下几种。

(一)手工板卷

这是我国目前所用的主要方法。先将卷烟板用清水润湿,把去梗后的外包皮烟叶背面向上平铺于板上,裁切外包皮,拿走切下的边角余料,把内胚尾端贴附于外包皮上,搭卷尾端,再滚卷烟身,最后包卷头端,在外包皮收头处涂以少许糨糊,粘贴牢固。通常,还用切皮刀平压于烟支上,来回轻轻搓动数次,使烟支内烟芯分布均匀,内、外包皮紧贴,烟支表面光滑。

操作时还应注意:①要分左、右手;②外包皮烟叶在卷烟板上要铺平、紧贴,不可皱缩。切皮刀要锋利,边缘裁切要清晰;③搭尾要略紧,收头要粘牢;④卷烟身时内胚要紧贴卷烟板,与外包皮切条的角度不变,用力要均匀,否则缝口会翘起或勒进;⑤收头操作要仔细。根据头部形状的锥变变化,渐渐抬起内胚尾端,使头部外包皮包卷平伏、美观。

(二)徒手卷

对规格 90 mm×35 mm 以下的尖头开孔平尾烟支,有些工厂卷烟工习惯采用徒手操作。操作方法(以卷左手外包皮为例)是:左手拿内胚,右手揭一张已切好的外包皮切条,置于左手的内胚下,搭好尾,借助两手拇指和食指转动内胚,两手中指和无名拉紧外包皮,包卷烟身。借助左手拇指、食指和中指的动作包卷烟支头部,右手拇指和食指扯去多余的外包皮,并涂以少量糨糊粘牢,最后,用剪刀剪去延伸出头端的外包皮。

(三)机器卷外包皮

国外卷外包皮机器的型号较多,例如 ARENGO-PMB 公司的 BK 型、MID 型,AMF 公司的 2-114 型机,一般生产能力为 13～30 支/min,随烟支式样卷制的难易和烟支规格不同而异。

机器卷外包皮的工作原理是(以 MID-11 型卷外包皮机为例):内胚由喂给装置供给,被传递到卷外包皮装置。外包皮烟叶人工铺在裁切模上,经裁切辊裁切后,由一外包皮传递器载运到卷外包皮装置。在卷外包皮装置上把外包皮包卷在内胚外成一烟支。烟支由机械装置修整和揉头,即完成全部卷外包皮过程。

卷外包皮装置的主要部件是四根滚柱,一根外包皮针、一收头活块和一块拉力板。滚柱是滚转内胚卷外包皮之用。外包皮针是从外包皮传递器上挑下外包皮尾端,与滚柱一起完成搭尾动作。收头活块是包卷烟支头部外包皮之用。拉力板是控制外包皮包卷内胚时的拉力。

多年来,对卷外包皮机作了一些提高机器效率和外包皮利用率的改进。例如,把外包皮裁切动作从卷外包皮机上分离出来,增加裁切模,改单切模为双切模,等等。

四、雪茄全能包卷机

全能包卷机是把内外包皮裁切、卷内胚、内胚定形、卷外包皮、烟支修整等操作组合在一台机器上完成。下面以荷兰ARENCO-PMB公司的M1R-01型机为例做详细介绍。

工作原理是:操作者甲把内包皮烟叶铺放在卷内胚机的内包皮切模处,烟叶被吸着在切模活瓣的吸风板上,吸风板下降,切模的刀刃露出,裁切辊滚过切模,切出一内包皮,吸风板上升,略高于刀刃,内包皮传递器把内包皮从切模上载运到卷胚台上,打糨糊装置在内包皮右上角打上糨糊。烟芯由烟芯夹从芯烟斗内取出,放入斜槽,滑落到芯烟库内,被库底部的一把切刀切出一份烟芯,借助于卷胚节的作用传送到卷胚台上,卷入内包皮中成一内胚。内胚由内胚传送器传送到卷外包皮机的模型轮上。操作者乙把外包皮烟叶铺放在卷外包皮机的外包皮切模上,烟叶由与切内包皮一样的原理被切成外包皮,被传递器载运到卷外包皮装置,并被打上糨糊。此时,内胚在模型轮上经加热定形后,被内胚传递器载运到卷外包皮装置上。在这里,外包皮被卷在内胚的外面。这时,烟支已接近所要求的形状。再由烟支传递器从卷外包皮装置上,载运到修剪装置,经修整后便成一雪茄烟支,降落在烟支输送带上,由操作者乙拾放在烟匣内。

M1R-01机的车速为10~17支/min,产量约为车速的92%~90%。从四川工农烟厂使用实践看,实际产量与操作者铺放内、外包皮烟叶的速度有关。生产的烟支,质量优于手工卷制,烟支式样端正,规格均匀,表面光滑,松紧适度。此机能卷制各种式样和规格的烟支,但必须更换相应的内、外包皮切模和传递器、模型轮和卷外包皮装置,并对有关机构做必要的调整。

此机能卷制各种式样和规格的烟支,但必须更换相应的内、外包皮切模和传递器、模型轮和卷外包皮装置,并对有关机构作必要的调整。

第三节 半叶卷雪茄烟的卷制

半叶卷雪茄系用烟草薄片或棕色卷纸作内包皮、烟时作外包皮卷制的雪茄产品。它的出现是为了实现卷内胚机械化,提高劳动生产率,节约内包皮烟叶,降低成本,而又不失雪茄传统的风格(最外面仍用烟叶包卷)。目前已成为一类大宗雪茄产品,并已为雪茄烟吸者所接受和欢迎。半叶卷雪茄只宜采用丝状和片状烟芯,一般不宜采用条状烟芯。半叶卷的卷制方法可适用于各种烟支式样,但现多用于平头平尾和尖头尖孔平尾烟支。

代替烟叶作内包皮用的称色卷纸和草薄片,有下列要求:①在燃吸时不产生或少产生不良的气息和味道;②颜色要近似晒晾烟叶;③拉力要强,纵向拉力不宜低于 1 000 g/5 mm;④延伸率要小,一般在2%左右;⑤有一定的厚度,棕色卷纸的定量应在 30 g/m²,烟平薄片定量为 60 ~ 70 g/m²,厚度要适中;过薄,内胚表面不光滑,影响烟支外观;过厚,搭口不易粘牢,影响机器速度;⑥燃烧性要好,即燃烧充分,灰化速度快,灰要紧卷,这样有利于烟支的烟灰白而不爆裂;⑦有一定的抗水性,尤其是烟草薄片,若抗水性差,涂糯糊后易破。

卷内胚机器有两类,一类是改装的香烟卷烟机,一类是专用的卷内胚机。前者是目前国内各厂卷内胚的主要方法。卷制原理、机器结构和操作方法,基本上与香烟卷烟机相同。改装的主要部件是:①烟枪必须符合内胚粗细规格的要求;②刀头与总轴相接的一对传动齿轮,速比要符合内胚长度规格的要求;③后身转速必须适应烟芯供量的要求;④棕色卷纸或薄片和内胚的通道,如铜斗下烟丝墩的墙板间距、过桥宽度、刀头上喇叭嘴内孔直径、捧烟台宽度等要作相应调整;⑤糯糊机构必要时要改装;⑥烙铁的温度略加提高和(或)适当加长,使内胚搭口能熨干粘牢。

国外采用的专用卷内胚机有两类:一类是连续性的,如ARENCO-PMB公司的SW型卷内胚机,德国Hauni公司的KDS卷内胚机;另一类是间歇性的与烟叶作内包皮的卷内胚机相仿,只是变人工铺喂烟叶为卷筒薄片的自动进给。

第四节 非叶卷雪茄烟的卷制

非叶卷雪茄可分如下几种:①内、外包皮均是烟草薄片;②无内包皮,只有一层烟草薄片作外包皮;③无内包皮,只有一层棕色卷纸作外包皮。目前,国外主要是第①和②种,国内主要是第③种。它们都是采用机器卷制,但卷制方法和设备却不一样。

国外卷制内、外包皮均是烟草薄片的产品,内胚卷制与半叶卷雪茄内胚相同。外包皮的包卷则有连续性的和间歇性的两种。前者如德国 Hauni 公司的 KDS-40KDS 型机,在 KDS 卷内胚机上装一只 40KDS 卷外包皮装置。从卷盘上引下薄片窄带,内表面打上糨糊。KDS 机刀头切出的内胚,被先后两组十字形皮带夹住,在往前运行中作轴向转动,外包皮便包卷在内胚外面,再为与 KDS 机刀头同步的一把有锯齿的圆刀片,在原内胚切断处切成烟支。生产能力为 133 ~ 200 支/min。后者如荷兰 ARENCO-PMB 公司的 BKF 型卷外包皮机,薄片从卷筒上自动地喂到切模上,经裁切辊裁切后,由传递器送到卷外包皮装置上,与由内胚喂给装置送来的内胚相遇,卷成烟支。生产能力为 35 ~ 70 支/min。

无内包皮只有一层烟草薄片或棕色卷纸作外包皮的产品,国内外通常都是采用香烟的卷烟机卷制,只需对烟枪和刀头与总轴相接的一对传动齿轮,按烟支粗细和长短的要求作相应改变即可。

第五节 雪茄烟的装嘴

带嘴雪茄是指烟支口吸一端装有过滤嘴或咬口的产品。装嘴的作用是:①过滤嘴能减低烟气中有害物质的含量;②节省烟叶原料;③吸用方便;④以烟草薄片作外包皮的产品,装嘴后避免口与薄片接触,可降低对薄片抗水特性的要求。

过滤嘴雪茄的烟支部分,一般是由一层棕色卷纸或烟草薄片包卷烟芯的非叶卷雪茄。烟支卷制和过滤嘴装接的机器及其操作,与过滤嘴香烟相同。实践证明,国内现有各种卷烟机和滤嘴装接机对棕色卷纸和烟草薄片都能适应,生产速度分别可达 700 支/min 以上和 1 000 支/min 左右。

装咬口雪茄的烟支部分,全叶卷、半叶卷和非叶卷雪茄均可,式样为尖头开孔平尾和平头平尾。咬口是在烟支卷制和干燥后进行装接。咬口内还可嵌入过滤芯。装接方法有两种:插接法和靠接法。插接法如荷兰 ARENCO-PMB 公司的 TP-100 型装咬口机,是将内壁涂有胶水的咬口套插在烟支的头端,适用于尖头开孔平尾烟支。靠接法如德国 Hauni 公司的 KFC 型装咬口机,是将咬口与烟支头端并靠后,用一片涂有胶水的包接纸,把二者接合在一起,适用于平头平尾的圆柱形烟支。

第七章 雪茄烟的包装技术

卷制后的雪茄烟支,还需经过成品车间的定形、修整、干燥和包装等加工过程,才能最终制成产品。基本任务:①把半成品烟支制成成品烟支所要求的形状和规格;②降低烟支水分,使其符合吸用和贮运要求;③根据产品等级标准、销售价格和市场要求,将烟支进行包装装潢。

成品车间的加工工艺在雪茄烟制造中也是十分重要的,它是预制和卷制加工的继续。好的预制和卷制工艺,必须还要有好的成品加工工艺,才能制造出优质的产品。进而理出:①成品加工工艺影响产品的内在质量,其中主要是成品水分影响产品的燃烧条件,进而影响产品的香气、吃味和燃烧性等质量;②影响烟支外观质量,诸如烟支的规格、形状、外包皮完整度与光泽,以及烟支的光滑、美观等;若定形不良,烟支表面不平伏、不光滑,方支不方或方棱过死,圆支不圆;若修整不良,烟支长短不一,头、尾不平齐;若干燥不良,烟支弯曲、变形,缝口不严,表面起皱,外包皮易破碎;③装潢是产品质量的重要组成部分,它的优劣影响产品的等级和销售价格;④决定产品贮藏保管的期限,若干燥和包装工艺不良,则产品在贮藏过程中易发霉、生虫,丧失吸用品质而使产品贬值或报废;⑤它与工厂劳动生产率关系密切,由于烟支和包装的异型性特别强,机械化操作难度大,加工工序复杂,若工艺不良,则化工更多,劳动生产率低;⑥它与产品成本关系密切,工艺不良,则烟支成品率低,原材料消耗增大。

雪茄烟成品车间的工艺,比卷烟等烟制品复杂得多,主要是因为雪茄的成品为外包皮烟叶包卷的烟支以及特别讲究装潢质量。同时,各厂和各种产品的成品车间工艺流程不尽相同,尤其是包装,常因产品类别和等级、操作方法、机械化程度和包装材料等不同而异。

第一节 雪茄烟的定形与修整

定形是指将卷制后的圆柱形烟压制成方柱形烟支;修整是指将卷制后的

烟支切、剪成一定长度的、两端平齐的烟支。

一、雪茄烟定形与修整的作用

第一,定形可以提高烟支外观质量。

第二,定形后可以提高烟支干燥效速。

第三,定形可以改变圆柱形烟支易滚动的状况,有利于装咬口、包指环、包烟支透明纸和包小盒等加工操作,以及有利于这些操作效率的提高。

第四,定形可以节约包装材料。

第五,定形有利于以后的包装等加工操作。

二、雪茄烟定形与修整工序的配合

目前有两种情况:一种是先定形后修整,另一种是先修整后定形。采用后者的,一般多是在卷制工段完成烟支修整。先定形后修整较为有利,烟支端面较平齐。若修整后定形,定形时烟芯发生移动,致使端面又不平齐,甚至烟芯掉落而出现空松烟支。烟支定形后修整,操作方便,效率高。

三、雪茄烟定形的工艺要求与条件

第一,定形时的烟支水分为20%～25%(随烟叶原料、气候条件和定形方法等不同而异)。

第二,定形规格即四方宽厚之总和,应略大于烟支圆周1～2 mm。

第三,定形时间宜长。压板定形需10～14 min,夹板定形需20～30 min。

四、雪茄烟的定形方法

(一)压板定形

压板用柏木等优质木料制成。底板宽为半成品烟支长度的2倍或3倍加50 mm左右,长500 mm左右,厚20 mm,以便于操作为度,不宜过大。挡条固定在底板上,高度等于或略小于压片的宽度。垫块长度为底板宽度的2/3以上,厚度略小于压片宽度,宽度70 mm左右。压片厚1.8～2.0 mm,长度与底板宽度相同,宽度为烟支定形厚度与正方柱形压辑的边长之和,压棍正方柱形,长为底板宽度加30 mm左右,厚、宽与烟支定形宽度相同。在底板的正面两侧各有一根翻板棍,为扁方柱形,四棱为圆角,长度比底板长30 mm左右,宽度大于厚度 3 mm 左右。先将一定数量的烟支排放在底板上(通常是双排,头、尾方向一致),于底板的近身侧靠挡条处先插入一压片,随后在各排烟支之间都插入一压片,在末尾烟支与远身端挡条之前插入两片压片。接着在两片压片之间的每排烟支上放入一根压棍。然后,在上面放置一块拍板(方柱形,长度与底板长相同),用手将末尾的两片压片往垫后拉,立即嵌入垫块,再用拍板将压板表面拍平。

这样连续做板 10 ~ 15 块,整齐地堆放在加压器底座上,上覆一盖板,顺时针转动压器推进丝杆,直到用力费劲时为止,过 3 ~ 5 min 之后,再使劲转动丝杆,直至转不动。经过约 5 min 松压,顺次取出压板,把翻板棍转动 90°后又复原。然后,再次将压板堆放在加压机上,又加压 5 min 左右后,松榨,取出压板。从压板上依次取出垫块、压棍、压片,将烟支倒入集烟器内。烟支定形操作完毕。

压板定形的烟支,表面平伏,棱角挺直、明显,不易回圆。但对操作熟练程度的要求高,劳动强度较大。

（二）夹板定形

夹板用优质木料制成。底板长度为烟支定形宽乘烟支数(一股为 25 支),再加 3 根定形棍的宽度,宽比烟支长 20 ~ 30 mm。挡条固定在底板上,长与底板宽度相同,为定形棍厚度的 2/3 以上。定形棍为正方柱形或扁方柱形,不固定于底板上,以便在定形不同规格烟支时可以更换,长与底板宽相同,高即为烟支定形厚度。将一定数量的烟支整齐排放在底板上;排列时要注意外包皮上的粗立脉不要露在面上。然后嵌入定形棍,一般只嵌入 3 根或 1 根(挡条兼作定形棍时),也可以每两支烟之间都嵌入一定形棍。后者定形质量好,烟支四方都较平伏,棱角挺直、明显;前者定形质量差,烟支两侧不平服,棱角不直。

排有烟支的 5 ~ 10 块夹板,整齐重叠在一起,置于加压器上加压 20 ~ 30 min后即可。此法定形,工具简单,操作轻便,但定形质量较差。

（三）链棍式定形机定形

此定形机是四川工农烟厂创制的,用于加工中、低档产品的正方柱形烟支。圆柱形烟支由烟支落入压棍链之间,被推支器往前推进,随着压棍链的运行而进入上下压轮之间,这时,烟支上下受压轮、两侧受压棍的压缩作用而变成方柱形,并随着压棍链的运行而前进,最后交付到输送带上被收集起来。输送带也可以与切尾机相连接。此机影响定形质量的主要因素是压棍之间和上、下压轮之间的间隙,即为烟支定形规格。烟支在上、下压轮之间的运行时间,即为定形时间。决定定形时间长短的是速度和压形段的距离;压棍的线速度和压棍的转速应相等,否则会损伤烟支。为提高产量可以增多压形道。

操作时应注意:喂入烟支时头、尾不要颠倒。压形时烟支水分不要过干或过湿。烟支通道各部件不能沾油污。定期清洗压轮和压棍。此机定形质量较好,产量较高,但尚存在定形时间过短、噪声大、输出烟支乱等缺点,有待改进。

(四)槽式定形机

此机是四川凯江烟厂创制的,用于加工中、低档产品方柱形烟支。圆柱形烟支从烟支库落入压形槽内(压形槽是固定不动的),被推支器推入定形盒内。在定形盒内后排烟支推动前排烟支前进,上压板由一椭圆轴的转动而下压和上抬。烟支在定形盒内出于压形槽和上压板下压的压缩作用而变成方柱形。烟支被推出定形盒后进到输送带上,输送带也可以与切尾机相连接。此机影响烟支定形质量的主要因素是:定形规格受压形槽内孔规格确定。定形时间即为烟支在定形盒内运行的时间。此机结构简单,造价低,但尚存在定形质量较差和输出烟支乱等缺点。

五、雪茄烟的烟支修整

烟支修整的工艺条件:烟支水分,与定形相同。一般是定形后随即进行修整。切刀要锋利。切刀作用方向应与烟支长向垂直。烟支修整长度应长于成品烟支2%~4%。修整方法有如下几种。

(一)制刀单支修整

左手将一烟支置于制刀的弧形槽内,头端靠拢挡支器,右手按下手柄,锋利的刀刃便将烟支露出槽外的尾部切下。此法修整的烟支,切口平齐,阳度好,但工效低。剪刀单支修整。将一烟支置于左手中的比尺上,尾端向外,用剪刀将露出的尾部剪去。此法修整的烟支,尾端圆度差,需用手指揉圆,工效低。MIR-01全能包卷机上烟支修整是由两把"V"形刀片,同时从相对的方向夹剪烟支而完成的。

(二)平锯刀刈削修整

将定形后的烟支单层或双层整齐地排列在锯烟凳上,轻拍烟支尾端,使头端紧靠盖背,盖上盖板,用锋利的平锯刀沿盖板外缘上下刈割,将尾端全部切平。揭下盖板,取出烟支。为确保刈割时烟支外包皮不被切破,可先用乙醇或白酒兑加2倍清水,蘸刷在烟支尾部。烟支长度规格,由锯刀锯到凳背的距离和盖板的宽度而定。此法修整的烟支,切口平齐,工效较高。

(三)圆刀切割(又叫切尾机)

其运行原理是:载运烟支的进料定位输送带,在向前运行中,经一旋转着的圆刀,将烟支尾端切割平齐。此机一般是连接于定形机之烟支输出端,也可单独运转。影响修整质量的因素是:第一,烟支在进料输送带上的定位。为此,输送带上装有烟支槽,并在烟尾一侧装有1或2只拍平器,或者烟支先排。第二,保持刀刃的锋利。

第二节　雪茄烟的干燥

一、雪茄烟干燥的工艺要求

雪茄烟干燥的基本任务是降低烟支水分到符合吸用与贮藏保管的要求,即在此种水分条件下,烟支燃烧性好,吸食品质优良,贮运时产品不易被损坏,不会变质,不会发霉。同时在干燥后的包装操作中,烟支不易破损。干燥的具体水分标准,各厂视所用的原料,原料的工艺处理,包装方法和气候条件等因素而定。例如,四川的雪茄烟厂用四川晒红烟制造的产品,成品水分为16%,烟叶经蒸、浸工艺处理后制造的产品,则为11%左右。南方各厂的成品水分则为8%~10%。烟支干燥的水分标准,应比成品水分标准低1%~2%,因为雪茄烟包装的工序多、周期长,如车间温湿度控制差,在包装过程中烟支因吸潮而水分略有上升。另一工艺要求是,烟支不变形、不弯曲。雪茄烟干燥所要排散的水分量大,时间长。

二、雪茄烟干燥的方法

国内各厂较多采用焙房烘干,也有采用日光暴晒、晾干和先晾后烘等方法。国外还有采用真空干燥、微波干燥和红外线干燥等方法。

(一)焙房烘干

提高焙房内空气温度降低空气的相对湿度烘干烟支。升高焙房内空气的温度多采用蒸气热,个别工厂也有用燃料(煤、炭)直接加热空气的。烟支在焙房内的状态有下列几种：

第一，烟支排列在烤板上，5～10块烤板整齐地重叠在一起，用烘烟木夹固定，置于活动的铁架车上，或用重物压固，置于固定的烘干架上。此法适用于高档方柱形烟支的烘干。

第二，烟支单层整齐地排列在底面多孔而平整的烘烟筛内，置于烘干架上。此法适用于圆柱形烟支的烘干。

第三，用宽度与烟支长度相近的纸带，将烟支20支捆成一束，再一束束整齐地竖直，排放在底面多孔而平整的烘烟筛内，置于烘干架上。此法适用于高档圆柱形烟支的烘干。

第四，烟支先包装小盒内衬纸（不是防潮纸或铝箔纸），再整齐地排放在烘烟木架内固定，置于活动的铁架车上或固定的烘干架上（适用于中、低档烟支的烘干）。

第五，烟支先包成软条盒，将条盒侧向按一定间距排列在固定的烘架上（适用于中、低档烟支的烘干）。

第六，卷烟型雪茄的烘干与卷烟相同。

焙房烘干有高温（60～70 ℃）和低温（40～50 ℃）烘焙两种。第一、四、五可采用高温烘焙，第二、三、六宜采用低温烘焙。但温度都不要太高，干燥速度不要太快，以防烟支弯曲、变形。除卷烟型雪茄外，一般需36～48 h，短者也需12 h，长者甚至达72 h以上。这与烘焙前烟支的原始水分有关。同时，一般有一个升温过程（4 h左右），不宜过快。在烟支水分接近标准时，可在焙房内降温冷却或取出置于干燥的冷支房内冷却12 h左右，使烟支表里、两端与中间的水分均匀。

（二）其他干燥方法

除焙房烘干外，各厂对一些圆柱形烟支，常采用先晾后烘和日光曝晒的方法。

第三节 雪茄烟的装盒

一、雪茄烟包装的内容与特点

雪茄烟包装包括烟支装潢、装盒、装条和装箱。中、低档全叶卷和半叶卷产品,往往不进行烟支装潢,对盒装单位大的产品常不装条。

除卷烟型的雪茄外,雪茄烟包装的特点有:讲究烟支装潢,如高档雪茄,每支烟要包指环商标和透明纸,有的还要装铝管或玻璃管。产品等级愈高,愈讲究小盒装潢,多采用硬纸板盒、木盒和铁盒。包装的异型性特别强,花色多。包装工艺是较为复杂的。

二、雪茄烟包装的工艺要求

第一,包装后的烟支水分必须符合成品的水分标准,并要能防止外界湿度对它的影响。

第二,全叶卷和半叶卷雪茄的高档产品,如系20支/盒以上的纸板盒、木盒或铁盒,盒内烟支一致,各层之间可不一致。

第三,包装要整齐、清洁、标志正确和明显。

三、烟支装潢

雪茄烟的高档产品都要进行分色,包指环和包烟支透明纸名贵产品还要装铝管或玻璃臂。目前国外已普遍采用机器操作。

(一)分色

目前这只限于对全叶卷和半叶卷的高档产品。分色是把色调一致的烟支装入一盒或盒内的同一层,以使产品美观。

分色的名称和多少,有几种分几种。例如,什邡烟叶外包皮一般分3~4种,桐乡烟叶外包皮一般分4~5种。烟支分色与外包皮预制时的选叶分色不一样。后者只是从同一种外包皮烟叶中送出适宜作外包皮的叶片和按色泽要求分成制造不同等级和牌别的各类外包皮。

烟支分色操作,一般是在烘支后包装前进行。有的工厂是在烟支修整后定形前进行,把同一色调的烟支置于同一夹板上定形,并在原夹板上烘支,而后装入同一盒内,或者在同一夹板上置13支浅色和12支深色烟支,烘支后12支深色的装入盒的底层,13支浅色的装在面层(每盒25支)。

目前各厂的分色,是凭工人的视觉判断的。要求工作场所的自然光线充足,不要有阳光直射到工作台上。回时,对需分色的烟支,有一个最低的数量要求,每盒4~10支者需500支以上,每盒20支以上者需1 000支以上,这样,使数量最少的一种色调的烘支,也能装足一盒或盒内的一层。

（二）包指环

包指环即将形似戒指的一种商标包贴在烟支上。光将烟支整齐地排列在弹线板上，并要使烟支向上的一面无粗支脉或其他缺点。从粉线袋内抽出粘有色粉的线将色粉平直地弹在各烟支上。按烟支上的色粉迹包贴牢指环。指环距烟支头端的距离，为烟支长度的1/3左右。

（三）包透明纸

将包指环后的烟支外面包卷一张透明纸，常与装盒同时进行。透明纸的长度为烟支长度加40~60 mm（随烟支粗细而异），宽度为烟支圆周的1.2倍左右。也有采用预先制好的透明纸袋，将烟支装入即可，也有将一盒（4~5支装）的烟支包一张透明纸的。超出烟支两端的透明纸，要折叠平伏。

（四）装铝管或玻璃管

装管的名贵烟支，有先包透明纸的或一层刨木片的，以保护烟支不被碰伤。

四、装盒或包小盒

雪茄烟各种产品的小盒包装烟支量不统一，所以小盒规格差别很大，包装材料和形式也不一致。包装的材料很重要，它不仅与产品等级和市场售价有关，而且对包装工艺影响最大。

（一）纸板盒、木盒和铁盒

此类小盒多系盒盖与盒底绞连而成。目前各厂装盒全系手工操作，操作时应注意，不论包装数量多少，盒内每层烟支的色泽要一致，而且面层的烟支色浅，底层色深。盒内各烟支的指环要平齐。

（二）硬纸盒

此类小盒的包装支数在10支以下，多为单排，每盒10支者也有双排的。小盒式样有袋式、合页式和抽屉式3种。小盒的正面可以开有显露烟支和指环的窗口，窗口上应贴有透明纸。国内各厂全系手工装盒。袋式小盒可装入装潢后的烟支，也可装入已包有内衬纸的烟支。国外此类小盒采用包装机包装，如ARENCO-MB公司的EP型机（60盒/min）和KDM-50型机（50~75盒/min）。

（三）软纸盒

雪茄烟软纸盒包装已基本上实现了机器操作，其原理与卷烟软包包装机相同。包装全叶卷和半叶卷雪茄烟支时,除对轨道和推烟器的间距作相应改变外,还必须对烟支库底部的下支器作相应的改变,以适应雪茄烟支表面不如卷烟光滑和不易下落的特点。卷烟型微型雪茄则完全与卷烟包装机相同。

软包式样又分直包和横包两种。横包一般具有小盒外观好、节约包装材料和抽取烟支方便(主要指小盒内拍出的烟支能退回盒内)等优点。1978年四川工农烟厂从意大利的 AMFSASIB 厂引进的 3-279/5000 型横包机,车速250包/min,包装长 8 mm、直径 7.8 mm,烟支(20 支/盒),可比直包节约小盒商标纸8%,节约铝箔7%。

（四）包小盒透明纸

高档产品的小盒,一般包有透明纸,以提高装潢质量和保护盒内烟支水分不受外界湿度变化的影响。为开折方便,在透明纸上常粘有撕裂带。包装方法,与卷烟相似。对透明纸要求干、湿变化时的涨缩率应小。否则,在潮湿环境中,透明纸会涨缩面积而产生皱纹,在过于干燥的环境中,则会因剧烈收缩而发生破裂,这在硬质小盒上更应注意。

五、装条与装箱

一般只对10支装以下和微型雪茄20支装的小盒,进行条盒包装,规格大的小盒通常不行装条。条盒分软条和硬条两种。高档产品在条盒外常包有透明纸。

雪茄烟装箱的烟支数,很不统一,因烟支规格不同而异,有 2 000、2 500、4 000、5 000 和 10 000 支等多种,但统计单位均统一以 10 000 支为一箱。箱子材料有纸板箱和木箱两种,即使是纸板箱,其牢固和耐压强度应较卷烟箱子为高。因为,外包皮烟叶包卷的产品,如箱子材料不好,在贮运过程中受压,烟支外包皮很易破碎。高档产品的箱子内,常加有薄膜袋密封,或在木箱内壁糊贴一层防潮纸,以保护产品不受潮。

参考文献

[1]蔡斌,耿召良,高华军,等.国产雪茄原料生产技术研究现状[J].中国烟草学报,2019(6):110-119.

[2]曾宽红,秦佳福.手工雪茄卷制前烟叶处理工艺探讨[J].农技服务,2020(8):25,27.

[3]范静苑,张良,李爱军.全叶卷手工雪茄关键工艺技术研究[J].安徽农业科学,2016(6):104-105.

[4]符云鹏.烟草栽培学实验指导[M].郑州:黄河水利出版社,2019.

[5]纪立顺.雪茄烟鉴别检验[M].济南:山东人民出版社,2020.

[6]李淑玲,陈俊标,张振臣,等.烟草生产实用技术[M].广州:广东科技出版社,2008.

[7]李彦伟,范爱军.烟草制丝设备与工艺[M].武汉:华中科技大学出版社,2013.

[8]刘利平,王剑,潘勇,等.国产高端雪茄烟原料定制化生产模式探讨[J].现代农业科技,2022(9):186-189.

[9]刘新爱.全叶卷手工雪茄卷制工艺探究[J].热带农业工程,2018(2):18-20.

[10]牟劲.优质烟草生产技术[M].成都:四川科学技术出版社,2019.

[11]牛浩,周中宇,白金莹,等.雪茄烟发酵的研究进展[J].湖南文理学院学报(自然科学版),2020(4):60-63,68.

[12]曲振明.中国雪茄烟生产的形成与发展[J].湖南烟草,2007(5):58-60.

[13]石拴成,马聪.烤烟标准化生产技术[M].北京:金盾出版社,2011.

[14]石拴成.烤烟良种配套栽培技术[M].北京:金盾出版社,2016.

[15]万德建,吴创,杜佳,等.雪茄烟叶发酵方法研究进展[J].山西农业科学,2017(7):1211-1214.

[16]王浩雅,左兴俊,孙福山,等.雪茄烟外包叶的研究进展[J].中国烟草科学,2009(5):71-76.

[17]王思远,于鸣.烟草栽培技术[M].长春:吉林出版集团有限责任公司,2010.

[18]夏露,张娟,王远亮,等.生物技术在烟叶发酵中的应用研究进展[J].安徽农业科学,2010(22):12013-12015.

[19]许建营.烟草工艺与调香技术[M].北京:中国纺织出版社,2007.

[20]闫新甫,王以慧,雷金山,等.国产雪茄分类探讨及其实际应用分析[J].中国烟草学报,2021(5):100-109.

[21]于建军,宫长荣.烟草原料初加工[M].北京:中国农业出版社,2009.

[22]张迪,赵进恒,周琳,等.机制雪茄烟关键工艺技术[J].宁夏农林科技,2018(5):61-62.

[23]张倩颖,罗诚,李东亮,等.雪茄烟叶调制及发酵技术研究进展[J].中国烟草学报,2020(4):1-6.